中国文化管理协会
社区文化工作委员会
倾力打造

恐龙博物馆的魔幻之旅 上

林 莹 编著
袁荣涛

天津出版传媒集团
天津科学技术出版社

图书在版编目（CIP）数据

恐龙博物馆的魔幻之旅 / 林莹，袁荣涛编著. —天津：天津科学技术出版社，2019.2（2021.6重印）
ISBN 978-7-5576-5787-1

Ⅰ.①恐…　Ⅱ.①林…②袁…　Ⅲ.①恐龙—少儿读物　Ⅳ.①Q915.864-49

中国版本图书馆CIP数据核字（2018）第238993号

恐龙博物馆的魔幻之旅
KONGLONG BOWUGUAN DE MOHUAN ZHILV

责任编辑：杜宇琪
责任印制：刘　彤

出　　版：	天津出版传媒集团
	天津科学技术出版社
地　　址：	天津市西康路35号
邮　　编：	300051
电　　话：	（022）23332399
网　　址：	www.tjkjcbs.com.cn
发　　行：	新华书店经销
印　　刷：	永清县晔盛亚胶印有限公司

开本 690×940　1/16　印张 20　字数 100 000
2021年6月第1版第2次印刷
定价：70.00元（全二册）

卷首语

穿越！重回远古地球光怪陆离的奇趣世界。探秘！揭开史前时代生生不息的神奇奥秘。带你踏入时光隧道，回到无比神秘的史前时代，开始一段让你了解古生物与恐龙的惊叹之旅。

带你去探索曾漫步于陆地上、畅游于深海里、翱翔于天空中的恐龙奥秘。本书通过栩栩如生的复原图，带你回到那令人惊叹的失落世界。为你细致地讲述史前生命的演化、探索、发现，以及各种恐龙的身世之谜，它们按演化的类群或出现的时间排列，配以科学严谨的讲解，本书堪称是一场全面展现地球恐龙发展史的盛典！

现在，你准备好开始一段令人惊叹的了解古生物恐龙的视觉之旅了吗？

前言

在人类统治世界之前，地球还出现过一批强大的主宰者，它们横空出世，并轻而易举地占据了地球统治者的位置，构筑了当时地球上强大的王国。经历了漫长的地质时代生物大灭绝，迎来了全盛时期。而正当它们的家族日益庞大的时候，却在地球第五次生物大灭绝中消亡，它们就是本书的主角——恐龙。

恐龙的灭绝是地球生命史上的一大悬案，各种有关恐龙灭绝的理论、假说纷纷出台，展开了一场规模空前的大争论。虽然诸多谜团还有待破解，但人类对恐龙的研究已经有了很大的进展，本书将目前古生物学界最权威的知识整合在一起，将我们已经认识并了解的恐龙按照地质时期进行了分类，通过简明的文字和千余幅精美的插图，全面、客观地介绍恐龙主宰下的地球世界。

翻开本书，你便会进入一个栩栩如生的史前世界，体会到远古时代的生命气息，探索恐龙世界的无穷奥秘，和形形色色的恐龙成为好朋友。

目录

体型巨大的——阿根廷龙 /10
长相奇特的——阿马加龙 /12
甲板铠甲的——埃德蒙顿甲龙 /14
独特的装甲——奥古斯丁龙 /16
性情温顺的——巴克龙 /18
近似鸟类的——斑比盗龙 /20
美丽的羽毛——北票龙 /22
身材矮小的——帝龙 /24
奔跑的冠军——二连巨盗龙 /26
身背两道脊——高棘龙 /28
绚丽的冠饰——古神翼龙 /32
奇特的外表——豪勇龙 /34
头顶钢枪的——尖角龙 /36
美味的佳肴——腱龙 /38
海洋中大嘴——克柔龙 /40

恐怖的爪子——恐爪龙 /42
迷你的体型——棱齿龙 /46
全副武装的——敏迷龙 /48
相貌怪异的——冥河龙 /50
炫耀的口鼻——木他龙 /52
合作掠食的——南方巨兽龙 /54
海上滑翔机——鸟脚龙 /58

温文尔雅的——禽龙 /60
聪明捕猎者——鲨齿龙 /62
智力超群的——伤齿龙 /64
温顺的将军——楯甲龙 /66
体型强壮的——似鳄龙 /68
短跑的冠军——似鸵龙 /70
花枝招展的——尾羽龙 /72
身材最小的——小盗龙 /74
长鹦鹉嘴的——鹦鹉嘴龙 /76
智力非凡的——犹他盗龙 /78
无角的角龙——原角龙 /80
梵语命名的——葬火龙 /82
自带喇叭的——栉龙 /84
爪如镰刀的——重爪龙 /86

大个头的猎食者——阿利奥拉龙 /88
体形庞大的素食者——埃德蒙顿龙 /90
最凶猛的"杀手"——霸王龙 /92
全副武装的"战士"——包头龙 /94
远古海洋霸主——沧龙 /96
慈祥的"母亲"——慈母龙 /98
长鳞甲的迟钝者——葡萄园龙 /100
最大的飞行动物——风神翼龙 /102
森林中的"大力士"——副栉龙 /104
鼻子奇特的大个子——厚鼻龙 /108
庞大的"独角兽"——棘鼻青岛龙 /110
水陆两栖的捕手——棘龙 /112

勇猛的斗士——**戟龙** /116

身披铠甲的"坦克"——**甲龙** /118

惹不起的"铁头"——**剑角龙** /120

植物"切割机"——**科阿韦拉角龙** /122

脸上有皮囊的机敏者——**盔龙** /124

头顶"斧头"的"水牛"——**赖氏龙** /126

吃同类的掠食者——**玛君龙** /128

强大的自卫者——**牛角龙** /130

被冤枉的"窃贼"——**窃蛋龙** /132

最大的角龙——**三角龙** /134

多牙的植食者——**山东龙** /138

强大的猎食者——**食肉牛龙** /140

"短跑冠军"——**似鸡龙** /142

视力良好的杂食者——**似鸟龙** /144

顶级猎食者——**特暴龙** /146

会飞的爬行动物——**无齿翼龙** /148

无角的角龙——**纤角龙** /150

尖牙利爪的猎手——**迅猛龙** /152

有颈盾的群居者——**野牛龙** /154

头长"巨瘤"的"丑八怪"——**肿头龙** /156

体型巨大的——阿根廷龙

基本特征

阿根廷龙是曾经漫步在大地上的最大型动物之一,身高12米,身长42米。在现代所有生物里,只有蓝鲸比他大。它有可能重达94吨,相当于20头大象的总重量。阿根廷龙的命名十分简单,意思是在阿根廷发现的恐龙。

小小图书馆

很长一段时间人们认为像阿根廷龙这样的巨型植食恐龙是没有天敌的,凭借着自身的巨大体型它完全可以吓退那些虎视眈眈的掠食者。但随后科学家们推测马普龙极有可能采用群体进攻的方式来围攻一只年老或体弱的阿根廷龙。但总的来说,相对于其他体型较小的当地恐龙,阿根廷龙的日子还是很安详的。

长相奇特的——阿马加龙

基本特征

阿马加龙是一种很奇怪的蜥脚类恐龙，背上有两排鬃毛状平行的长棘，这可能是用作支撑皮质帆状物。它是小型的蜥脚下目恐龙，身长约10米长。是典型的四足草食性恐龙，有着长及扁的头颅骨及长颈，与其亲属叉龙相似。

背脊的作用

作为阿马加龙最大特征的是名叫"神经棘"的两列棘刺,从头部到背部的背骨中长出。由于棘刺细而易损,看来不宜用于防御。有一种说法认为,在各神经棘之间有皮膜的"帆"。"帆"中有血管通过。"帆"有可能是对着太阳来加热血液,也可能对着风来释放热量。

小小图书馆

阿马加龙是因为它的化石是在阿根廷内乌肯省的峡谷被发现,也是为纪念发现化石位置而命名的。化石保存得出奇完整,不仅保留有完整的脊柱和尾巴及部分骨盆,还有一只脚骨上甚至保留着全部脚趾和爪子。最惊人的是这个化石的各个部分都有关节连接,出土时还保持着一种倒在地上的姿态,看起来像是当时摔倒了或是躺在了地上,反正不像是被其他动物袭击的。唯一有点遗憾的是,这具化石的头部和颈部暂时还没有找到。

甲板铠甲的——
埃德蒙顿甲龙

基本特征

埃德蒙顿甲龙披了一身重重的钉状和块状甲板,用于保护自己。在它的头部还有一些像拼图玩具一样接在一起的骨板,保护着三角形的脑袋。除了这层厚厚的重甲之外,埃德蒙顿甲龙还有另外一种保护自己的方式。在它身体的两侧,各长有一排很尖锐的骨质刺,使它具有伸向两侧的刺状边缘。当它受到攻击的时候,它大概会匍匐在地上,以保护自己无甲板的柔软的肚子。

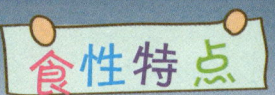
食性特点

埃德蒙顿甲龙在灌木丛或低矮的树丛中吃东西的时候,用它那无牙的尖锐的喙把嫩树叶叼下。在它的大嘴的深处长着一排树叶形牙齿,可以把叼下来的食物嚼烂。嘴部相当狭窄,所以它可能是一个挑食者,它会选择一些汁液最多的植物来吃。

小小图书馆

除了背部的骨板外,埃德蒙顿甲龙的颈部上也长有骨板,从颈部前端到肩部总共有三排,最后面的两块骨板是三排颈部骨板中最大的。推测其颈部骨板的表面可能曾包着一层角质。它的这些骨板像是围护在柔软颈部上的坚硬盾牌,提供了有效的防护。肩部还有可怕的骨钉,这也能保护它的颈部。

独特的装甲——奥古斯丁龙

基本特征

奥古斯丁龙是四足的草食性恐龙。有着独特的装甲。在它的背部有着一连串垂直的宽尖刺及宽骨板,某种程度上很像剑龙。这些尖刺和宽骨板是他们防御其他肉食性恐龙最好的武器。奥古斯丁龙身长可能约15米左右。

小小图书馆

奥古斯丁龙由于发现的只有破碎的化石。这些包括有背部、臀部及尾部的脊椎碎片,九块形状奇怪连于脊椎的骨板或尖刺。后下脚的腓骨、胫骨及五块中骨亦被发现。其中亦有股骨,但过于碎裂而难于搜集。

性情温顺的——巴克龙

基本特征

巴克龙意为"大夏蜥蜴"，是一种属草性恐龙，被认为是最早的鸭嘴龙超科之一。可以用二足或四足方式行走。身长有6米长，在四足站立时有2米高，体重1100到1500千克，股骨长80厘米。

生活特性

巴克龙是蒙古高原特有的鸭嘴龙类。它的头骨短而平滑，牙齿较少并呈棱柱形交互排列成覆瓦状。旧的牙齿磨蚀后，不断有新的牙齿长出补充。前肢较短，后肢长而强壮，耻骨上特别隆起，坐骨有足状末端，骨短而扩展，脚的节趾有增厚的前缘，两足行走，生活于河湖附近，以植物为食。

小小图书馆

巴克龙最初被叙述成头顶没有冠状物,是很典型的禽龙类特征,不类似赖氏龙亚科。但后来的研究显示,巴克龙的化石中,有疑似头冠底部的碎片。

近似鸟类的——斑比盗龙

基本特征

斑比盗龙是一种近鸟类的恐龙动物，身上长有羽毛，现今的科研成果已证实了这一点。以体形来说，有着较大的脑部，两者的比例是已知恐龙中最大的。具有长臂及发育良好的叉骨。手腕关节与鸟类相似，可以折拢，类似折拢双翼动作。部分骨头内有空腔，并与肺部相连，能够快速奔跑。

猎食方式

斑比盗龙可能有着可屈曲的前爪，而前肢的活动性则可以达至它的嘴。可见斑比盗龙，就像现今的一些小型哺乳动物，是有能力抓着食物，并以前肢把食物放在口中。

小小图书馆

在首次发表斑比盗龙的会议上，它的模型被塑造成有羽毛的，但是其化石并没有发现羽毛。这是由于亲缘分支分类法认为它属近鸟类，应该有羽毛的，而及后的发现确认了像斑比盗龙的驰龙科是全身布满羽毛的。

美丽的羽毛——北票龙

基本特征

北票龙是一种长羽毛的肉食恐龙。从模式标本的皮肤痕迹，显示北票龙的身体是由类似绒羽的羽毛所覆盖，羽毛较长，而且垂直于手臂。全长2.2米，是一类两足行走的恐龙。1999年科学家在化石中发现了毛状皮肤衍生物。这一发现证实，绝不是所有的小型食肉类恐龙都像人们传统上认为的那样身披鳞片。

小小图书馆

尽管所发现的北票龙化石支离破碎,但随着专家的精心修复,这件化石显示出越来越多的形态学特征,也显示出越来越大的科学价值。

身材矮小的——帝龙

基本特征

帝龙是一种小型、具有羽毛的暴龙超科恐龙,因为恐龙的头骨骨骼相当薄,难以完整的保存。古生物学家在帝龙的下颌和尾巴尖端周边发现有纤维构造物,其尾骨化石上的羽毛长约2厘米,并且向30到40度的方向展开,研究人员推测它可能存在羽毛,并起着保温的作用。

小小图书馆

帝龙化石首先证明了霸王龙类早期的祖先类型是小型的,其后慢慢演化为巨大的霸王龙。后来出现的霸王龙,随着体型的增大和长出鳞片,羽毛就逐渐消失了;其次,帝龙覆盖着羽毛的事实再一次证明了兽脚类恐龙和鸟类有着共同的祖先。

奔跑的冠军——二连巨盗龙

基本特征

巨盗龙是窃蛋龙家族的成员之一。巨盗龙直立的高度是人体的两倍，高5米，体长约8米，体重1400千克，但这个庞然大物具有许多鸟类的特征，长着像鹦鹉一样的喙，身披羽毛，后肢纤细，小腿修长。这种巨大的类鸟恐龙是在我国内蒙古境内挖掘发现的，同时它也是迄今发现最大体型的长羽毛恐龙。

奔跑冠军

二连巨盗龙的脊椎体内部有海绵状结构，这种构造既能使结构坚固，又能减轻体重。和巨大的身躯相比，二连巨盗龙的腿骨纤细，小腿比大腿长。小腿的功能与快速奔跑相关，与同样大的动物比，二连巨盗龙应该是奔跑冠军。

小小图书馆

一般的似鸟恐龙个体较小,多数体重在几公斤,有的甚至不足1公斤。二连巨盗龙是恐龙向鸟类演化过程中的一个特例。这一新的重大研究成果极大地丰富了人类对恐龙向鸟类演化过程的认识,是中国学者对鸟类起源研究领域的又一个重要贡献。

身背两道脊——高棘龙

基本特征

高棘龙是一种大型的双足肉食性恐龙。它们的脊椎有很多部分都有高大的神经突，极可能支撑着由肌肉所构成的隆脊，从颈部延伸到背部、臀部。身长长11公尺，重量可达6吨。头颅骨长、低矮、狭窄。眶前孔相当大，约占头部的1/4长，2/3高度，可减轻头部的重量。

前肢功能

高棘龙的前肢无法接触地面,因此没有行走的功能,而是在猎食时发生作用。高棘龙休息时,前肢会从肩膀下垂,肱骨微向后摆,手肘弯曲,指爪朝内。高棘龙的肩膀的转动范围很小。它们的手臂无法做出360°的旋转幅度,但可后摆至离垂直面约109°,所以肱骨可以后摆至斜微上方。

最大区别

高棘龙最明显的特征是在它们的高大的神经突,从颈部延伸到背部、臀部及尾巴前段,长度可以达脊椎长度的 2.5 倍。背棘较低矮,可能作为腱壮肌肉的附着处,类似现代的美洲野牛,并在背部形成一个高而厚的隆脊。功能仍然未明,可能跟动物之间的沟通、储存脂肪或控制体温有关。

小小图书馆

高棘龙的猎物有一种叫蜀龙,蜀龙两肢站立高 3.5 米,体长 4 米,重半吨,并且尾巴顶端还长有骨头长成的"小锤子",被这个打到可不舒服,但是高棘龙可以用自己的前肢杀死蜀龙。那它是怎么杀死大型蜥脚类恐龙的呢?它的爪子有一个缺点:只能伸展 25°,如果再伸展,就会脱臼。所以高棘龙只能用牙齿,跳到猎物的身上,用牙齿攻击猎物。

绚丽的冠饰——古神翼龙

基本特征

古神翼龙又译为塔佩雅拉翼龙,意为古老的主宰。在体型上呈多样性,有些物种翼展长6米。有冠饰,可能作为与其他古神翼龙的信号与展示物,其冠饰是由口鼻部上的半圆冠饰,以及头部后方延伸出来的骨质分岔,两者所构成。

小小图书馆

古神翼龙科属于翼龙目翼手龙亚目,生存于早白垩纪。古神翼龙科的成员发现于巴西与中国,目前最原始的属发现于中国,显示古神翼龙科起源于亚洲。

奇特的外表——
豪勇龙

基本特征

　　豪勇龙，又名无畏龙，意为"勇敢蜥蜴"，是种奇特的禽龙类。豪勇龙身长7米，重达4吨。豪勇龙的每个手都有拇指尖爪，中间三个指骨宽广，类似蹄状，适合行走。禽龙的手腕大，且愈合在一起，以防止脱臼。最后一个指骨很长，被推断是用来挑起如树叶、树枝等食物，股骨比胫骨长；脚掌小，有三个脚趾。后肢是用来支撑，而非奔跑用。豪勇龙的鼻孔大，且离口鼻部非常近。

生活习性

豪勇龙生存的年代，夜间寒冷，白天则又干又热。它的"帆"大概可以帮助它保持体温的稳定。豪勇龙有两辆小轿车那么长，它可以用两条腿或四条腿走路，后肢强壮有力，可以支撑体重。需要休息时用爪子来保持身体的平衡。它的拇指钉就是最有用的武器。它能刺伤进攻者，使用这种拇指钉就像使用匕首一样。

小小图书馆

在1965年1月，菲利普·塔丘特在尼日阿加德兹发现一个鸟脚类化石。在1976年，他将这些化石进行叙述、命名。在当地图阿雷格语意为"勇敢的"，意思是勇敢的爬行动物。

头顶钢枪的——
尖角龙

基本特征

尖角龙是种中型恐龙，身长约6米，身体由结实的四肢来支撑。如鼻端有一大型鼻角。随着物种的不同，鼻角可能是向前、或向后弯曲。在脖子上方有一个骨质颈盾，边缘有一些小的波状隆起。这个颈盾大概是地位的象征。估计有些尖角龙的颈盾上色彩亮丽，使它们看起来与众不同，这有助于它们吸引异性。

小小图书馆

如同其他的角龙科，尖角龙的颌部是用来咬碎植物的，而头盾则是巨大颌部肌肉的附着点。发现尖角龙化石的地层出现两种说法，一种猜想：尖角龙是种群居动物。另一种可能是，不是群居动物，而是在干旱时期聚集到水坑中。

美味的佳肴——腱龙

基本特征

腱龙是种体型中到大型的鸟脚下目恐龙。原本被认为属于棱齿龙类，但自从棱齿龙类不在被认为是个演化支后，腱龙现在被认为是种非常原始的禽龙类，它们身长6.5到8米，身高2.2米，重达1到2公吨。它们的尾巴比其他同类的尾巴还长，它们大部分时间以四足行走。

生活习性

腱龙是一种又大又笨的恐龙，长着一条长而粗的尾巴，尽管它能用具爪的脚踢打对方或把尾巴当作鞭子去打敌人，但是它还是无法和食肉恐龙相比。由于目前只发现到它的前肢化石，因此研究认为腱龙应该是一种温顺的草食恐龙。虽然身体庞大，但缺乏自卫能力，常常会遭到比它小得多的恐爪龙的攻击。

小小图书馆

2008年,在一个腱龙标本的股骨与胫骨发现了髓质组织。髓质组织是种只存在于鸟类身上的组织,是钙质的来源,可在产卵期制造蛋壳。该只腱龙死亡时只有八岁,尚未达到成年,这显示恐龙普遍具有髓质组织,而且在到达完全成长前,便已达到性成熟。

海洋中大嘴——克柔龙

基本特征

克柔龙又名克诺龙、长头龙,是种海生爬行动物。颈部较短,颈骨只有12块,体长为9-10米。它的嘴巴几乎与脑袋一样长。体形好像圆桶,前肢扁平呈鱼鳍状,没有后肢,用来划水前进或控制前进方向,全身紧凑,利于快速游泳,鼻孔位于头顶上。

猎食习性

克柔龙的牙齿很大,超过7厘米,它们的牙齿呈圆锥状,在猎食的时候,会先接近猎物,然后张开自己巨大的双颌,用牙齿咬住猎物。

小小图书馆

克柔龙的四肢已经演化成鳍状,只要上下拍打鳍状肢,它们就能在水中快速游动,但是它们必须浮到水面进行呼吸。

恐怖的爪子——恐爪龙

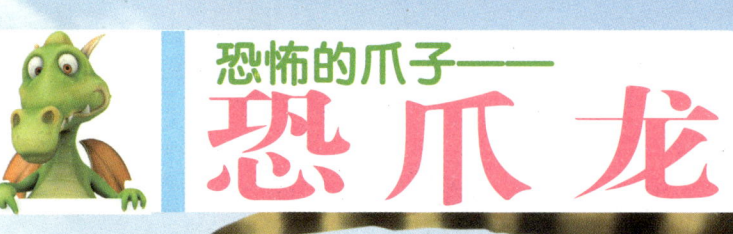

基本特征

恐爪龙的体型可达 3.4 米,头颅骨最大可达 41 厘米长,臀部高度为 0.87 米。它的头颅骨有强壮的颌部,有约 60 根弯曲、刀刃形的牙齿。恐爪龙的上腭部较呈拱形,口鼻部较狭窄,颧骨宽广,恐爪龙的眶前孔是特别的大。按头颅骨来推算,眼睛主要是向两侧的。

猎食行为

恐爪龙是成群生活及猎食的。捕猎其他动物时，它可以先用前肢向前戳刺，并向下割来撕破猎物，刺入体内，这对猎物来说是致命的伤害。

共同特性

就像其他的驰龙科，恐爪龙有大型手掌与三根手指。第一指最短，而第二指最长。每只后肢的第二趾都有镰刀状的趾爪，长度约13厘米，有可能是作为捕猎动物。它可以先向前戳刺，并向下割来撕破猎物。相对于恐爪龙的体型，这些趾爪相当地大。恐爪龙的身体是靠尾椎及人字骨，在高速转向时来维持稳定及平衡。

小小图书馆

　　似镰刀的第二趾爪是恐爪龙的最著名特征，但不同标本的第二趾爪的形状与弯曲度都有所不同。第二趾爪有的非常弯曲，有的则较直。经过研究认为这只镰刀爪的大小及形状，随着个体、性别或年纪的不同，而有所不同。

迷你的体型——棱齿龙

基本特征

棱齿龙是种相当小的恐龙，头部只有成人的拳头大小。身长只有2.3米。高度只有达到成年人类的腰部，重达50到70千克。是二足恐龙，并以二足奔跑。棱齿龙的体型适合奔跑：重量轻、迷你骨骸、体型低、气动性体型、长腿、作为平衡用的硬挺尾巴。

生活习性

棱齿龙是成群生活，分布范围广。它啃食低矮的植物，先将树叶储存在颊囊里，然后再用后面的牙齿慢慢咀嚼。逃跑是棱齿龙自卫的惟一方法，它能够像羚羊一样躲闪和迂回奔跑。它还具有敏锐的双眼，以发现逼近的食肉动物。

猎食行为

棱齿龙有颊部,这种先进结构可帮助咀嚼食物。棱齿龙的颌部有28到30颗棱状牙齿,上下颌的牙齿形成一个很好的咀嚼面,而且颌部铰关节低于齿列,当上颌向外移动时,下颌会反向朝内移动,上下齿列便会不断互相磨合,棱齿龙可能借由这个方法,自行轮流磨尖这些牙齿。

小小图书馆

棱齿龙对于后代的照顾程度还不明确,但是已经发现整齐布置的巢,显示在孵化前已有部分照顾。棱齿龙可能以群体行动。因此棱齿龙类经常被比喻为中生代的鹿。

全副武装的——敏迷龙

生活习性

敏迷龙是草食性恐龙，前肢和后肢几乎一样长；当四肢着地时，整个背部基本呈水平状态。敏迷龙遭遇到肉食性恐龙的袭击时，很可能采取逃避的方式作消极反抗。

体型特征

敏迷龙是在南半球发现的第一条甲龙，它披有骨板，长有骨刺，四足行走，以叶状小牙啃食植物。敏迷龙的头部从侧面看与乌龟的头相似。它的身体的各个部位几乎都覆有甲片；背部有瘤状物的鳞甲；腹部上覆盖着由很小的盾甲组成的坚甲。

小小图书馆

敏迷龙是在澳大利亚昆士兰州南部一个叫敏迷的交叉路口附近发现的,因此而得名。主要生活在灌木和平原地区。

相貌怪异的——冥河龙

体型特征

冥河龙是一种相貌怪异的恐龙。长约2.4米，高约1米。体型和习性都很像今天的野山羊。头部有一个坚硬的圆形顶骨，周围布满了锐利的尖刺，看起来似羊非羊，似鹿非鹿。这种奇怪的头饰据科学家们分析，很可能是群体中雄性之间的争斗武器。圆顶可以抵受猛烈的冲撞，角刺则可用来相互碰撞，充当御敌的武器。

头饰猜想

迄今我们只发现了冥河龙的头骨，以及一些零零碎碎的身躯遗骸。但并不妨碍我们推断出它的生活习性，冥河龙很可能直立行走，而前肢细小，并长有坚硬的长尾巴。冥河龙的头颅骨板非常厚实，一种认为冥河龙之间是以互相碰撞头部来争夺伴侣，另外一种则认为头颅上的骨板纯粹是装饰而已，炫耀其漂亮的头饰可以使雄龙在繁殖季节吸引到异性。

小小图书馆

在群居生活的冥河龙需要建立有效的预警机制，机警而敏捷的冥河龙担任着警戒任务，冥河龙体形小，而霸王龙的主食是三角龙，所以冥河龙被吃掉的机率不大。总之，冥河龙以及它所在的头饰类恐龙家族还有很多的谜等着人类探索。

炫耀的口鼻——木他龙

体型特征

木他龙是一种早期的鸟脚龙类，都是大型的草食性四足恐龙，并可用后肢支撑站立。木他龙中间的三个指头融合在一起而成蹄状，拇指上则有明显的爪。它还有一个加大的、中空的会向上鼓起的口鼻部，用来发出声音及求偶炫耀。

生活习性

木他龙是吃植物的，拇指上有匕首般的尖物以作自卫，它用四只脚来行走，不过亦可以后脚站立以吃生长得比较高的树叶。生长在下巴的牙齿，有削断植物的特殊功用。它的头颅骨上有空位，表示它们有沟通的能力。他们的声音相信是非常低沉的。

小小图书馆

木他龙的食量非常惊人,它们的体重有4.5公吨,每天要进食500公斤的食物。在一亿多年之前,澳洲比现时更加接近南极,气候也寒冷得多,冬天的时候根本没有食物,因此,必须从一个岛屿迁徙到另一个岛屿。

合作掠食的——
南方巨兽龙

体型特征

南方巨兽龙是最大的陆地食肉恐龙之一,其身长12-14米,高约为4米多。南方巨兽龙走路时用两条腿。前肢很长,还带有前爪,它硕大的嘴巴长着一口锋利的牙齿,拥有极其可怕的咬合力和极快撕咬速度以及如同餐刀一样锋利的牙齿,还拥有长长的前肢和恐怖的长前爪辅助捕猎。

危险杀手

南方巨兽龙堪称是最恐怖的杀手恐龙，牙齿两侧都很锋利，边缘还带有锯齿，所有的牙齿都向后弯曲，甚至比它的近亲大型肉食性恐龙还要结实强壮。它们的嗅觉也十分灵敏，能判断出猎物的大概位置。因此，南方巨兽龙是非常危险的杀手。

群居观念

南方巨兽龙很有可能是群体迁徙，族群成员年龄不一，南方巨兽龙可能更把狩猎当成家庭日常训练。一群饥饿的南方巨兽龙必定能对付任何一种远古动物，毫不夸张地说，南方巨兽龙绝对是旷世霸王。常常猎杀体型巨大且危险的动物。

小小图书馆

南方巨兽龙是一种巨型的兽脚类恐龙，与暴龙相比，南方巨兽龙的牙齿更多，比较薄但更长更锋利，边缘还带有锯齿，所有的牙齿都向后弯曲，善于切割，能不费吹灰之力地撕裂其它巨兽的肉，在战斗中还能防止咀嚼的过程中肉会从嘴里掉出来。如果某个利齿脱落了，新的利齿很快就能长出来填补空缺。

海上滑翔机——
鸟脚龙

体型特征

　　鸟脚龙是一种会飞的肉食性恐龙,身形十分巨大。翼幅长12米,身长3.5米,体重约100千克。鸟脚龙的头部很长,几乎能占到身长的一半,还有一个又长又大的喙状嘴,几乎与头部一样长。

生活习性

鸟脚龙生活在海上，主要以鱼类为食。虽然鸟脚龙的体型大，但是飞行时的体态十分轻盈。并能够根据海上的气流长时间滑翔，远远看去就像一架优美的滑翔机。

小小图书馆

鸟脚龙的骨骼是中空的，身体里还有许多充满空气的气囊，这能有效地减轻身体的体重，使它们有一个轻盈的身躯。

温文尔雅的——禽龙

体型特征

禽龙是种大型草食性动物，身长约10米，高3到4米，前手拇指有一尖爪，可能用来抵抗掠食动物，或是协助进食。小指呈修长、敏捷的，可能用来操作物体。后腿强壮，但并非用来奔跑。骨干与尾巴由骨化肌腱支撑、非常坚挺。

生活习性

禽龙主要以群居生活，它们的性情非常温顺。以低矮的植物为食，平时主要以四足行走，只有在寻找食物的时候再用后腿直立。

小小图书馆

禽龙的化石多数发现于欧洲的比利时、英国、德国，此外也有一些可能是禽龙的化石出土于北美洲、亚洲内蒙古以及北非。

聪明捕猎者——鲨齿龙

体型特征

鲨齿龙又名望齿龙，名字含义是"长着鲨鱼牙齿的巨蜥"是种巨大的肉食性恐龙，成年的估计可达10-14米长，高约5米，体重6吨到14吨。特点是牙齿非常类似鲨齿餐刀，有很明显的纹路，有些人觉得像噬人鲨的牙齿，也有一张像鸟一样的嘴。

猎食方式

鲨齿龙头颅骨并不发达,身体力量也不足,牙齿虽然锋利,但是非常的薄,很难咬穿猎物的骨头。可是在鲨齿龙猎食过程中,它们用锋利的牙齿不断攻击猎物的薄弱部位,致使猎物因失血过多死亡。这种独特的猎食方式避免了血腥的场面,所以说鲨齿龙无疑是聪明的猎食者。

小小图书馆

鲨齿龙的气囊系统十分发达,在呼吸的时候,气囊能够持续不断的流经肺部。

智力超群的——
伤齿龙

体型特征

伤齿龙是种小型恐龙,身长约2米,高度为1米,重达60公斤。拥有非常修长的四肢,显示它们可以快速奔跑。拥有的长手臂,可以像鸟类一样往后折起。它们的第二脚趾上拥有大型、可缩回的镰刀状趾爪,这些趾爪在奔跑时可能会抬起。与身体相比,伤齿龙的脑袋可是很大的。因此被认为是最有智能的恐龙之一。

食性特点

伤齿龙是一种杂食性恐龙,体型的轻巧使它们无力猎食大的食物,因此主要以小动物为食,偶尔也会吃一些植物的叶子。

小小图书馆

伤齿龙把卵产在刚干涸的湖底或沼泽地的湿润泥土里，靠输卵管向下蠕动的力量能轻松地把它们深深插入泥土中。它们先用爪子在地上刨出一个坑，然后蹲坐下来使身子成直立或半直立状态，并把蛋产入蛋坑里松软的沙土中。之后再用沙土小心地把这些蛋埋起来。它们还会孵蛋。

温顺的将军——楯甲龙

体型特征

楯甲龙又名蜥结龙、蜥肋蜥,意为"蜥蜴甲盾"。是一种性情温和的草食性恐龙。体形较大,可能不善于奔跑,不过它身上的轻型装甲、从头颅到尾尖一列锯齿般的背脊,以及整个背部的多排平行骨突为它提供了保护。

生活习性

楯甲龙虽然性情温和,但是想要攻击它们也是相当不易的,它们唯一的弱点就是柔软的腹部,在遇到天敌袭击时,它会立即蜷起身体,使骨甲朝外,形成一个刺球。从而保护自己。

小小图书馆

楯甲龙是种四足草食性恐龙,头颅骨呈三角形,口鼻部逐渐变尖,后段较宽。进食时,它也习惯于用喙去切取低处的植物。

体型强壮的——似鳄龙

体型特征

似鳄龙意为"鳄鱼模仿者",是种大型棘龙科恐龙,拥有类似鳄鱼的嘴部,在非常长的低矮口鼻部,狭窄的颌部有约100颗牙齿,这些牙齿并不是非常锐利,但稍微往后弯曲。前额有一小角饰。口鼻部前端较大,并有一丛更长的牙齿。

高大强壮

似鳄龙的脊椎有高大的延伸物,最高处位于臀部,它们可能撑者由皮肤构成的帆状物或背脊,它们的前肢强壮,手部有三指。似鳄龙是种巨大且强壮的动物,以鱼类为食,生存于多水、类似沼泽的环境。

小小图书馆

似鳄龙拥有非常长的低矮口鼻部,口鼻部末端较大,并有一丛更长的牙齿,这样的结构最适合咬住体滑的鱼。

短跑的冠军——似鸵龙

体型特征

似鸵龙是种类似鸵鸟的长腿恐龙,它长着一条长长的尾巴,其长度占了整个身体的一半还多。这条长尾巴不像它那条可自由弯曲的脖子那样灵活。当似鸵龙飞跑的时候,它就把它的尾巴僵直的伸在后面。如果它要越过崎岖不平的坡地,那么尾巴会起到保持平衡的作用。似鸵龙脚上长着平直的、狭窄的爪子。这些爪子像跑鞋上的钉子,可防止追赶猎物时脚下打滑。

食性探讨

似鸵龙的食性有许多的讨论。边缘喙状嘴,它们被认为可能是杂食性恐龙。似鸵龙居住在岸边,可能是滤食性动物,以昆虫、螃蟹、虾为食。有些古生物学家则认为似鸵龙比较可能是肉食性恐龙,因为它们属于兽脚亚目,该演化支的大部分成员是肉食性动物。

小小图书馆

　　似鸵龙的后肢长而强壮，似乎相当适合奔跑，类似今日的鸵鸟。其胫骨长于股骨，显示它们可以高速奔跑。三个耻骨联合在一起，能将力量从脚踝传递到腿部、身体。似鸵龙的奔跑时速被推测有 50 到 80 公里，这是它们逃离掠食者的唯一武器，研究显示，似鸵龙速度最快时，两步的跨距可达 6 米。

花枝招展的——尾羽龙

体型特征

  尾羽龙的体型很像现在的火鸡，身披羽毛。短小的前肢呈翼状，长满了大片的羽毛，尾巴上也有羽扇。但是羽毛的最初功能并非飞行，而是保暖或者吸引配偶等。

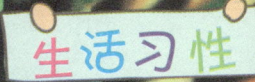
生活习性

尾羽龙被认为是种杂食性动物。在至少两个标本中发现了胃石。它们可以进食植物和肉类。尾巴很多，并不能保持身体平衡，因此，尾羽龙的行为方式可能与不会飞行的鸟类相似。

小小图书馆

尾羽龙的化石没有保存附着于前肢的次要飞羽，这点与驰龙科、始祖鸟以及现代鸟类不同。有可能是尾羽龙在生前时，手臂已没有羽毛，或者原本有，但没有保存于化石之中。由于羽毛的短小及对称，以及短手臂，可见尾羽龙是不能飞的。

身材最小的——
小盗龙

体型特征

小盗龙是已知最小的恐龙之一，身长不足一米。除此之外，小盗龙也是第一群被发现拥有羽毛与翅膀的恐龙之一。小盗龙在有羽毛恐龙与早期鸟类中相当独特，它们是已知的鸟类祖先中，脚部、前臂与头部都拥有长飞羽的少数物种之一。它们的身体覆盖着一层厚羽毛，而尾巴末端有个钻石状羽毛扇。有些标本的头部拥有高起的羽毛冠饰，类似某些现代鸟类。

生活习性

有些古生物学家提出小盗龙使用它们的翼从树枝上降落下来，并可能攻击或伏击地面上的小型猎物，这行为可能是滑翔或真正飞行的前身。小盗龙的翼表面过于狭窄，而不能从很高的地方毫发无伤地成功降落到地面上。然而，他们认为小盗龙可以在短的距离内降落，例如邻近的树枝。

小小图书馆

2013年，中国与加拿大古生物学者宣布他们在辽宁省西部发现了令人震惊的飞行恐龙胃容物化石，这让我们首次确认小盗龙会将鱼类列入食谱，这一发现对了解古生物的行为学具有重要的科学意义。

长鹦鹉嘴的——鹦鹉嘴龙

体型特征

鹦鹉嘴龙是一种小型的植食性恐龙，因生有一张酷似鹦鹉的嘴而得名。成年的鹦鹉嘴龙最长可达1.5米，一般体长在1米左右。鹦鹉嘴龙的所有种都是类似瞪羚的二足、草食性恐龙，特征是上颚高而强壮的喙状嘴。尾巴与下背部有鬃毛状的结构，可能作为展示作用。

食性特点

鹦鹉嘴龙拥有锐利的牙齿，可用来切割、切碎坚硬的植物。鹦鹉嘴龙并没有适合咀嚼或磨碎植物的牙齿。吞食胃石来协助磨碎消化系统中的食物。经常在它们的腹部位置发现胃石，有时超过50颗，这些胃石可能储藏于砂囊中，如同现代鸟类。

小小图书馆

在 2010 年，数位研究人员提出鹦鹉嘴龙是半水生动物的理论，它们的尾巴的功能类似现代鳄鱼的尾巴，并使用前肢拍打、后肢踢水的方式在水中前进。他们提出的根据包含：许多化石发现于湖泊沉积层、鼻孔与眼眶的位置、前肢与后肢的可移动范围、尾巴下方具有长人字骨、尾巴上方的鬃毛状物可能具有鳍的功能、而胃石被认为是在水中的承载物。同时也指出，鹦鹉嘴龙的某些种类是陆栖动物，而其他种类是半水生动物。

智力非凡的——犹他盗龙

体型特征

犹他盗龙又名犹他龙,生活在早期美国的犹他州。身长7米,身高1.8米,体重最重达700千克,是盗龙类中最大的成员。他的脚爪和恐爪龙的一样,但很大,有28—40厘米长。犹他盗龙身上长有羽毛。科学家们认为犹他盗龙与驰龙的关系最为密切。

食性特点

犹他盗龙是两足肉食性恐龙。从大型脚爪研判,是驰龙家族中数量庞大的一支。它们可能在广阔的平原成群猎食,是最为聪明与危险的恐龙种类之一。当发现猎物时,它们会直接跳到猎物的身上发动攻击。用巨大的,尖而弯曲的钩爪,刺入猎物的身体。

小小图书馆

犹他盗龙尽管相对其他驰龙科的恐龙体型较大,但仍然具有很强的灵活性,甚至可以在空中做出改变方向的动作,凌空一跃,突然转过身来。科学家们推算出它的速度大约在 50 千米/小时,相对于大多数中型肉食性恐龙,已经很快了。

无角的角龙——原角龙

体型特征

原角龙是种小型四足恐龙，身长约 1.8 米，肩膀高度 0.6 米，成年原角龙的体重约 180 千克。头部后方有大型头盾，但头颅占了大部分。原角龙是草食性动物，嘴部肌肉强壮，咬合力高。嘴部有多列牙齿，适合咀嚼坚硬的植物。原角龙的头颅骨有大型喙状嘴、四对洞孔。最前方的洞孔是鼻孔，可能比较晚期角龙类的鼻孔还小。

食性特点

原角龙在鼻骨上有个小小的突起。颈部的骨板很大,形成颈盾。嘴鼻部很像鹦鹉嘴龙,但要大一些。嘴的前部生有牙齿,用来采食植物的枝叶以及多汁的茎根。四肢短小,身躯肥胖。人们曾发现过一个原角龙的墓地,里面有从成年到幼体的许多骨架化石,说明原角龙是一种以家族为群体生活的动物。

小小图书馆

原角龙身长1.5到2米,体型接近绵羊。它们有大型头盾,可能用来保护颈部、使颌部肌肉附着、用来辨认同种类动物,或综合以上功能。

梵语命名的——
葬火龙

体型特征

葬火龙的学名是来自梵语,意即"火葬柴堆的主"。葬火龙有着较长的颈及短的尾巴。它的头颅骨很短,喙嘴坚固,没有牙齿。葬火龙最特别的特征是它那高的冠状物,前肢长,具有三指,可抓握,上有弯曲指爪。胫骨与足部长,显示它们可以高速奔跑。

食性特点

葬火龙虽然是从肉食性恐龙演化而来的，但它们却是杂食性或植食性的。它们的前三肢可以帮助进食。胫骨和足部很长，可以快速的猎食动物或者逃跑。

小小图书馆

葬火龙是偷蛋龙科下的一属恐龙，它是最出名的偷蛋龙科恐龙之一，因为它有着几组保存完好的骨骼，包括几个在巢中孵蛋的标本。这些标本巩固了恐龙与鸟类之间的关联。葬火龙与偷蛋龙的外表类似，两者常被混淆。

自带喇叭的——栉龙

体型特征

栉龙是已经进化了的带冠的鸭嘴龙类，头顶部向后倾斜着一个骨质尖刺，鼻子周围下垂的皮肤被这个尖刺支撑起来。栉龙可以把尖刺像吹气球一样充上气，使自己的鸣叫声更为响亮，他们群居在一起，鸣叫声正是他们的联络信号。

社会行为

栉龙是一种大型植食性恐龙，性情十分温顺。栉龙可以用后足行走，也可以四足着地的方式行走。密集的栉龙化石分布，充分说明了它们是群居生活在一起的，共同抵御猎食者的袭击。

小小图书馆

栉龙的头上长着一个引人注目的管子，里边有细细的通道。空气经过时就会发出低沉的声音，可以用来吓跑敌人。也有人认为，那是它们在潜水时用来通气用的，究竟是做什么用的，目前还没有定论。

爪如镰刀的——
重爪龙

体型特征

重爪龙，原意属名为坚实的利爪，爪子和体躯比较而言真是庞大。看上去就像以后足行走的大鳄鱼，它们头部小，尾巴长，嘴里排列着密密麻麻的牙齿。身上披着一层厚厚的盔甲。

生活习性

重爪龙属于食肉的兽脚类恐龙，以前肢有大的爪而得名。嘴和牙齿也类似于鳄鱼而不似其它大型兽脚类恐龙，可能也是像鳄鱼一样以鱼为食。生活在水边，或者潜入浅水中，用它可怕的利爪来捕食鱼类，

小小图书馆

重爪龙的颌部类似鳄鱼，以及大量的锯齿状牙齿，令科学家推测它是以鱼为食。在英格兰标本的胸腔中，发现了一些鳞齿鱼的鳞片及骨头。重爪龙被推测是栖息于河岸上，并且用它的强壮的前肢、指爪捕捞鱼类。这种方式就像现今的灰熊。

大个头的猎食者——阿利奥拉龙

基本特征

阿利奥拉龙又名分支龙。生活在白垩纪晚期的亚洲，六米长，属肉食龙（大型食肉恐龙）。像它的大个头亲属霸王龙一样，阿利奥拉龙也是一种残暴的猎食其他动物的野兽。它长着巨大而强壮的身体，脚上长着厚重的爪，在它的头上有一些骨质脊突或尖刺，雄性阿利奥拉龙头上的脊突要比雌性的大些，是用于炫耀自己以吸引异性。因为阿利奥拉龙与特暴龙生存于同一年代和同一地区，因此科学家们推断，阿利奥拉龙与特暴龙可能是近亲。

猎食条件

从阿利奥拉龙尖锐的牙齿判断，它是一种肉食性恐龙。阿利奥拉龙与它的近亲特暴龙一样，是一种凶猛残暴的猎食者。长而有力的后肢能使它的奔跑十分迅速，锐利的牙齿更能帮助它轻易地咬碎猎物。阿利奥拉龙的上颌骨各有16只牙颗，而在齿骨则各有18颗，比已知的暴龙科更多。

小小图书馆

阿利奥拉龙的前肢应该很小。长尾巴可平衡头部与身体的重量,将重心维持在臀部位置。

体形庞大的素食者——埃德蒙顿龙

基本特征

埃德蒙顿龙又被翻译成爱德蒙脱龙、艾德蒙托龙，是一种体形巨大的恐龙。和其他鸭嘴龙类一样，埃德蒙顿龙的头部前端平坦、宽广，口鼻部类似鸭子，没有头冠，尾巴长而窄。前肢短于后肢，但前肢亦有足够长度，仍适宜行走。成年的埃德蒙顿龙可达13米长，体重能够达到4000千克。据2007年的一项研究显示，埃德蒙顿龙的行走时速能达到45千米。

生活习性

埃德蒙顿龙是一种植食性恐龙，通常食用针叶树的针叶、种子以及树枝。喙状嘴使其具备咬断树叶和树枝的能力。埃德蒙顿龙的口中有近千颗牙齿，这些牙齿紧密排列成数十列，当上下颌咬合时，牙齿能将口中的食物磨碎，即使是粗糙的东西，埃德蒙顿龙也能够轻易咀嚼。

小小图书馆

埃德蒙顿龙的牙齿很紧密地排列成60列,和今天的鲨鱼一样,它的新牙齿会不断地生长来取代脱落的牙齿。

最凶猛的"杀手"——霸王龙

基本特征

霸王龙长有非常大的头颅骨,并长有长而重的尾巴,尾端尖,在快速奔跑或者转弯时能够保持身体平衡。霸王龙的前肢短小,几乎与人的手臂一样长,但是长有利爪,是捕食行动中的致命武器。霸王龙硕大的颚骨赋予了它惊人的咬力。长而尖的牙齿使霸王龙一旦咬住猎物就不会轻易松口。它是巨型兽脚类发展到顶峰的成员,天下无敌的终极杀手。

捕食特征

霸王龙是一种凶猛的肉食性恐龙,在恐龙世界中的"暴君行径"是名不虚传的。一般的肉食性动物会选择与自己体形相当或者更小的猎物,但是霸王龙能够猎杀同时期比自己体形更大的植食性恐龙。霸王龙的奔跑时速可达40千米,果真如此的话,恐怕没有什么猎物能逃过它的追杀了。

最凶猛的恐龙

肉食性恐龙中出现最晚的一种，同时也是恐龙家族中最闪耀的"明星"，就是霸王龙。毫无疑问，霸王龙是肉食性恐龙中最大型、最具力量的一种，而且，霸王龙也是目前被人类了解和认识的最著名的一种恐龙。另外，霸王龙也被绝大多数学者认为是世界上最凶猛的恐龙。

小小图书馆

霸王龙的牙齿并不锋利，外形酷似香蕉，十分粗壮，它就像一台骨骼破碎机，能够撕碎口中的猎物，因此很多生物学家曾戏称霸王龙的牙齿为致命的"香蕉"。最大的霸王龙名叫"苏"，体长约12.8米，高5-6米，有厚实尖锐的牙齿，最大的牙长约20厘米。猎物一到它嘴里，就没有生还的可能。

全副武装的"战士"——包头龙

基本特征

包头龙是一种体形庞大的植食性恐龙,从头部到尾部都覆盖着坚硬的甲板。它的身体巨大,四肢短小,看上去就像一辆坦克。除了甲板,包头龙从头到脚还长有坚硬的骨刺,看上去就像全身插满了匕首,可以说包头龙是真正地全副武装。包头龙的尾巴十分粗壮,尾端有一个沉重的骨锤,当遇到大型肉食性恐龙袭击的时候,它会挥动粗壮的尾巴,抽打袭击者。

生活习性

从外表上看,包头龙凶残可怕,但其实它的性情十分温驯。除非遭到攻击,否则它是不会轻易袭击其他动物的。包头龙没有门牙,在采食枝叶时,它会用喙状嘴将枝叶咬断,再用臼齿将枝叶磨碎。包头龙的胃部结构十分复杂,可以慢慢消化植物。

小小图书馆

包头龙从头部到尾部都覆盖着坚硬的甲板，甚至眼睑上都有。但是包头龙腹部是没有装甲的。要伤害它，就要将它翻转过来，跟箭猪一个习性。

远古海洋霸主——沧龙

基本特征

沧龙是一种肉食性海生爬行动物,分布十分广泛,遍及世界各地。从外形上看,沧龙与鳄鱼十分类似。沧龙的头部巨大,强壮的颌骨具有很强的咬合能力,口中的牙齿呈圆锥形,并且向内弯曲。沧龙的上颚内部还有一圈内齿,能够拖拽食物。沧龙的身体呈长桶状,尾巴强壮,具有高度流体力学性。它的前肢有五趾,后肢有四趾,四肢已演化成鳍状肢,前肢大于后肢,短粗而有力的鳍肢使它可以在水中迅速改变方向,敏捷大大增加。其尾部达到身长的一半,为宽阔平坦的竖桨状,尾椎骨上下都有扩张的骨质椎体,组成了强力的游泳工具。

生活习性

对于生活在海洋中的沧龙来说,它的食物是非常丰富的。沧龙的食物包括金厨鲨、海龟、鱼龙、薄片龙等。沧龙的性情十分凶猛,进食时的场面十分血腥。据科学家推测,一只成年的沧龙可以同时对抗几只金厨鲨。因此,沧龙无疑是远古海洋的霸主。

小小图书馆

沧龙的视觉很弱,但是听觉十分灵敏。这主要是因为沧龙特殊的耳部结构能够把声音放大38倍。除此之外,沧龙也能够利用声音辩位。

慈祥的"母亲"——慈母龙

基本特征

慈母龙的体形十分巨大,身长6～9米,体重约4000千克。慈母龙的头顶有尖尖的头冠,可以在求偶的时候吸引异性,也能够作为内部打斗的武器。慈母龙的头部大小中等,这表明它应该是一种比较聪明的恐龙。慈母龙有着奇特的外表,并拥有典型鸭嘴龙科的平坦喙状嘴以及厚鼻部。它的尾巴十分强壮。

生活习性

慈母龙可能生存在内陆地区,是一种既可以用后足也可以用四足行走的植食性恐龙。慈母龙没有什么特殊的武器能够抵御肉食性恐龙的袭击,因此慈母龙只能群体生活。慈母龙的群体是十分庞大的,最大的一个群体中个体的数量甚至能超过一万头。

小小图书馆

慈母龙的学名意为"好妈妈蜥蜴"。慈母龙会把小恐龙生在自己的窝里,并且照看自己的孩子。这种窝都是在泥地上挖的坑,差不多和一个圆形的饭桌一样大。在下蛋前,它们还会在窝上铺上柔软的植物。下完蛋后,雌性慈母龙会守在窝旁保护自己的蛋,以免蛋被其他种类的恐龙偷走。

长鳞甲的迟钝者——葡萄园龙

基本特征

葡萄园龙是生活在欧洲地区著名的蜥脚类恐龙,这种恐龙的身体长度可达15米。葡萄园龙的颈部虽长,但并不灵活。它们可以利用长脖子采食高处的枝叶,但是并不能自由地左右摆动颈部。

背部鳞甲

葡萄园龙的背部长有坚硬的骨质鳞甲,这种鳞甲并不是长在皮肤上的,而是由葡萄园龙背部的成骨延伸而成的。当小型肉食性恐龙跳起从上方攻击葡萄园龙的时候,这种坚硬的鳞甲能够在一定程度上保证葡萄园龙的安全。

小小图书馆

葡萄园龙虽然身体庞大,但上帝并没有赐予它们智慧,它们有着相对较小的大脑。它们的脑部却不会超过8厘米,只有网球般大小。

最大的飞行动物——风神翼龙

猎食方式

生物学家估计，风神翼龙很有可能是在浅水区域跋涉捕食水中的猎物的恐龙，这与现今的鹭鸟的捕食方式很相似。风神翼龙也可能会在水面上飞行观察，然后迅速俯冲捕食在水面附近活动的鱼类，这种捕食方式又与现今的信天翁很相似。无论风神翼龙具体的捕食方式是怎样的，陆地上的小型猎物或是幼小的恐龙都可能是它们的食物来源。

由于风神翼龙的新陈代谢很快，它们需要大量的蛋白质转化为能量，因此风神翼龙需要定期进食。一只不到三百斤重的小霸王龙，便可被它当成一顿美食。它们会在白天做长距离飞行，寻找自己的猎物。

基本特征

虽然目前尚未发现风神翼龙成体的完整化石，但是根据翅骨碎片来看，成体风神翼龙的翼展为 11～15 米，据此可以判定，风神翼龙是地球有生命史以来最大型的飞行动物之一！风神翼龙的头部很大，头上有脊冠，这是它与其他翼龙最著名的区别。风神翼龙的脖子很长，嘴巴又细又长，口中没有牙齿，喙状嘴的前端是钝的，而不是尖锐的。

滑翔能力

风神翼龙翅膀面积非常大，堪比现代的小型飞机，但是风神翼龙的骨骼是中空的，再加上瘦小的躯干，风神翼龙的身体总重量可能还没有一个成年人重，这让风神翼龙具备了比现代滑翔机更出色的滑翔能力，它们可以借助上升气流快速地冲上云霄。它们可能会整天跟着积云，然后上升到 5 千米的高度，在这个高度它们不需挥动一下翅膀便能飞越 50 公里。

小小图书馆

风神翼龙会将自己大部分的时间用在飞行上，当它们疲倦的时候，它们会来到陆地上休息，而它们的行走方式很可能是四足行走。

森林中的"大力士"——副栉龙

基本特征

科学家在发现副栉龙的化石时,认为这种恐龙长得跟栉龙很像,于是科学家将其命名为副栉龙。副栉龙生活在森林中,沉重的身躯,宽阔的肩膀,再加上发达的肌肉,能够帮助它们推开茂密的灌木丛,副栉龙因此成为森林中的"大力士"。

副栉龙长约12米,高约2.8米,重约2吨。副栉龙最主要的特征就是头盖骨上有大型、修长的冠饰。科学家们推断,副栉龙头上的冠饰会随着年龄的增长而改变,成年副栉龙的冠饰能够达到2米长。副栉龙头上的冠饰是由前上颚骨与鼻骨构成的,从头部一直向后延伸出去。副栉龙冠饰的内部是中空的,内部有中空的管。副栉龙很可能将空气从管中吹出,然后与同伴取得联系。除此之外,副栉龙的冠饰还可以用来吸引异性的注意。

生活习性

副栉龙是一种性情温和的植食性恐龙。副栉龙口中有很多牙齿，但是它们只使用其中的一少部分牙齿。当旧的牙齿磨损严重时，新的牙齿会不断生长代替旧的牙齿。副栉龙会先用喙状嘴将植物割断，然后通过颚部将植物送到两颊处，再用两颊处少量的牙齿咀嚼植物。

小小图书馆

　　副栉龙依靠非常敏锐的视觉随时警惕着危险的来临,当它们受到惊吓时,会立即奔跑逃走,此时它们的尾巴会伸直,以保持身体平衡。

鼻子奇特的大个子——厚鼻龙

基本特征

厚鼻龙看上去十分笨重,身长约8米,重量约4吨。它们最显著的特征就是鼻子上有巨大而且平坦的隆起物,这也是其名称的来源。厚鼻龙头部后方有头盾,头盾的形状与大小因为年龄、性别、个体的不同而不同。厚鼻龙的头盾后方有一对向上延长生长的角,既能吸引异性,也能够起自卫作用。

小小图书馆

专家经过研究,推断厚鼻龙是迁徙的恐龙,这些厚鼻龙在一次迁徙过程中慌忙逃入河中被集体淹死。原来厚鼻龙的大脑一次只能思考一件事件,在遇到袭击时只知道后退而被推进河里淹死。

进食特点

厚鼻龙是一种植食性恐龙,以坚硬且富含纤维的植物为食,它们的喙状嘴能够帮助其啃咬植物。厚鼻龙还有数百颗边缘呈凿状的牙齿,这样的牙齿能像剪刀般切断植物的叶子。

庞大的"独角兽"——棘鼻青岛龙

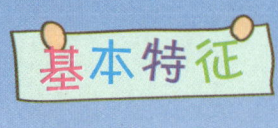

棘鼻青岛龙的头顶上有一只细长的角,看上去与独角兽十分类似,它的角从鼻骨开始生长并从两眼之间向后延伸,这是其最主要的辨别特征。棘鼻青岛龙的角并没有什么特殊功能,主要是用来装饰的。棘鼻青岛龙化石所处的地层的时代为白垩纪晚期。它的身长为6.62米,身高4.9米,体重为6-7吨左右。

小小图书馆

尽管一只成年的棘鼻青岛龙体重能达到6000～7000千克,但是它的脑容量很小,仅有0.2～0.3千克重。它不善于奔跑,又缺乏自卫武器,只适合在淡水湖泊生存。

水陆两栖的捕手——棘龙

基本特征

棘龙也叫做棘背龙或帆棘龙,棘龙之所以有魁梧的身材,一个很主要的原因就是它们背上巨大的帆状物。它们的帆状物高约两米,内部由脊骨支撑。棘龙的帆状物具体有什么功能还尚未确定,科学家们认为,棘龙如此明显的帆状物能够起到威慑其他对手的作用。棘龙头颅骨很长,口鼻部长满了圆锥状的牙齿,牙齿上面缺乏锯齿,类似其他的棘龙科恐龙。

最大的陆生肉食性动物

棘龙主要生活在炎热的沼泽地区，它们的身长约18米，体重可达14000千克，是目前为止人们已知陆地上最大的肉食性动物甚至比霸王龙还要大。它们的脸部狭长，前肢上长有利爪，后肢十分强壮，身手敏捷，能够迅速地追捕到猎物。棘龙在很早的时候被认为是一种以后足行走的恐龙，但是后来，科学家们认为棘龙很可能也以四足行走。

生活习性

与今天的鳄鱼一样,棘龙既可以在陆地上生活,又可以在水中生活。它们居住在水边或沼泽地带,主要以捕食鱼类为生。它们的牙齿尖锐而弯曲,能轻易的抓住体表光滑的鱼类。除了捕食鱼类之外,棘龙也捕食龟类、鸟类,当然,它们还会来到陆地上捕食那些体形比自己小的恐龙。

小小图书馆

如果棘龙帆状物的内部有大量血管,那么在天气寒冷的时候,棘龙很可能会在太阳下伸开自己的帆状物吸收热量;而在天气炎热的时候,它们会在阴凉的地方伸开自己的帆状物散发热量。

勇猛的斗士——戟龙

基本特征

戟龙生活在开阔的森林地区,身长约5.5米,体重约3000千克。相比巨大的头颅,戟龙有一个笨重的身体和短小的四肢,它们的尾巴也相当短。戟龙最明显的外形特征就是头部长有巨大的头盾,头盾上长有4～6个尖角,背部也长有一根直立的尖角,每根尖角的长度都可能超过半米。这样的尖角可不是简单用来装饰的,这是戟龙自卫的有力武器。

生活习性

从牙齿来判断,戟龙应该是一种植食性恐龙。戟龙的头部高度较低,所以戟龙主要以低处的植物为食。但有时,戟龙也会用头盾和身体将高大的植物撞倒,然后取食植物。戟龙的颚部前端具有纵深、狭窄的喙状嘴,被认为较适合抓取、拉扯,而非咬合。

勇猛的斗士

戟龙的防御和进攻能力都很强，角和颈盾的骨刺就像一把利剑，是反守为攻的可怕武器，凶猛的捕食者也会被它们撂倒。在同肉食性恐龙搏斗时，戟龙只要把头从下往上用力一抬，数把"利剑"就会立刻刺进迎面扑来的侵犯者的皮肉里。

小小图书馆

戟龙是一种群居性恐龙，会与鸭嘴兽、厚鼻龙、三角龙等植食性恐龙共生生活，戟龙有时候还会有大规模的迁徙活动。科学家认为，戟龙的大型头盾能够帮其增加身体的表面积，这样调节体温成为可能，就像是大象的耳朵一样。

身披铠甲的"坦克"——甲龙

生活习性

甲龙主要生活在森林和沙漠地区,是一种植食性恐龙。它们的牙齿呈小型树叶状,很适合啃碎食物。甲龙并不像很多其他植食性恐龙一样有着磨碎植物的牙齿,因此他们很少咀嚼植物。

基本特征

甲龙是一种体形庞大的恐龙,一般有五六米长,体重约2000千克。甲龙的头部很宽,头上有一对角,骨头上有坚硬的角质,厚厚的皮肤上覆盖着数百片骨板,甚至连眼睑上也覆盖有甲片,这一点与包头龙很像。甲龙的脖子和四肢都很短,尾巴十分粗壮,尾部的末端有一个骨锤。甲龙的身体十分笨重,它们只能利用四足的方式缓慢行走,看上去就像一辆小型坦克一样,因此甲龙也被称为坦克龙。

强大的武器

与甲龙生活在同一时期的有很多肉食性恐龙。甲龙之所以能抵御大多数肉食性恐龙的袭击,是因为它们有强大的武器。甲龙钉状的骨板和锤状的尾巴是保护自己很好的武器。当有猎食者来袭击甲龙时,它们会用力地挥动尾锤,其力量之大足以击碎对方的骨头。

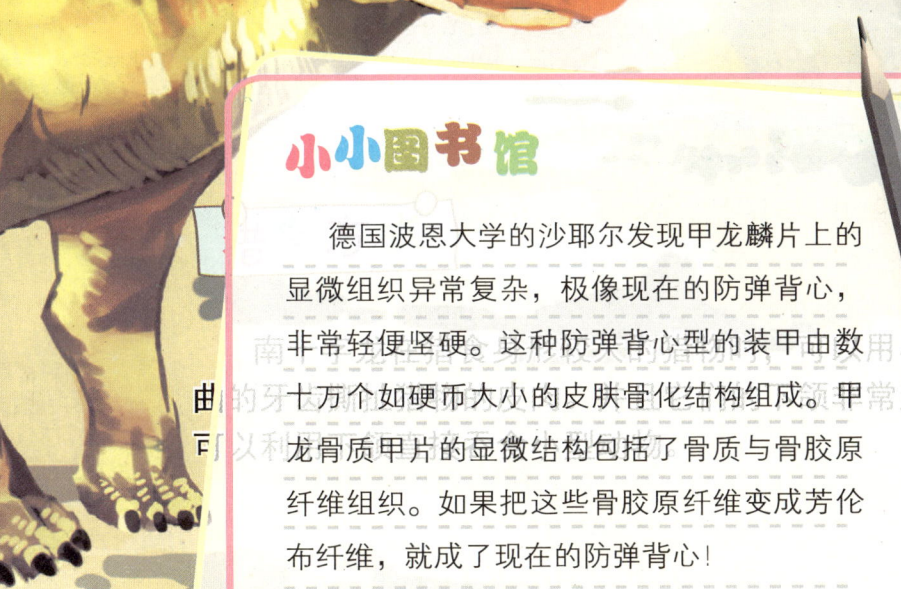

小小图书馆

德国波恩大学的沙耶尔发现甲龙麟片上的显微组织异常复杂,极像现在的防弹背心,非常轻便坚硬。这种防弹背心型的装甲由数十万个如硬币大小的皮肤骨化结构组成。甲龙骨质甲片的显微结构包括了骨质与骨胶原纤维组织。如果把这些骨胶原纤维变成芳纶布纤维,就成了现在的防弹背心!

惹不起的"铁头"——剑角龙

基本特征

剑角龙最主要的辨认特征就是它的头骨。这块头盖骨呈半圆形，包含了很多的小骨头块。刚出生时，剑角龙的头骨并不是很厚，但是随着年龄的增长，剑角龙的头骨会越长越厚，一只成年剑角龙的头骨甚至能盖住它的眼睛和后脖颈。

生活习性

剑角龙是一种以后足行走的植食性恐龙，主要采食树的嫩叶。剑角龙的个子虽然不高，但是它也是不好惹的，它的头盖骨就是它防御敌人最有力的武器。研究发现，剑角龙有相互撞击的行为，这很有可能是雄性剑角龙之间在争夺配偶。而坚硬的头盖骨能够给猎食者猛烈一击。科学家推测，雄性剑角龙之间应该是以头部侧面相互撞击的。这样做不仅能够减少正面撞击的接触面，还能够减少冲撞的力道，从而保护内部器官。

小小图书馆

　　古生物学家在最近的研究中发现,就他们找到的剑角龙的头盖骨化石而言,厚薄并不是均衡的。那些相对厚一些的头盖骨很可能属于雄剑角龙,而相对薄的那些则属于雌剑角龙。一只雄剑角龙的头盖骨可达6厘米,足足顶得上半块砖了。

植物"切割机"——科阿韦拉角龙

基本特征

科阿韦拉角龙的化石发现于墨西哥的科阿韦拉州,因此这种恐龙被命名为科阿韦拉角龙。科阿韦拉角龙的身长约五米,体形十分壮硕。科阿韦拉角龙的额头上有两只角,颈部还有一个可以向上翘起的颈盾,颈盾主要是用来求偶或吓走猎食者的。科阿韦拉角龙的额角被估计约1.2米长,如果属实,将是角龙类恐龙中的最大型额角。科阿韦拉角龙的四肢很短,趾间有蹄状爪。

生活习性

科阿韦拉角龙生活在北美洲的森林地区，主要以棕榈叶和苏铁类植物为食。科阿韦拉角龙有一个巨大的喙嘴，啃咬植物十分有力。此外，科阿韦拉角龙口中还有数百颗边缘为凿状的牙齿，牙齿能像剪刀般切碎植物的叶子。

小小图书馆

科阿韦拉角龙的牙齿排列成很多列，当它们的牙齿磨损较为严重的时候，新的牙齿会不断生长，替代磨损的牙齿。

脸上有皮囊的机敏者——盔龙

基本特征

盔龙又叫冠龙、鸡冠龙、盔头和盔首龙等，体形很大，身长与一辆公共汽车的长度类似。盔龙的头顶有一个很大的头冠，且雄性的头冠要比雌性的头冠更大一些。盔龙的前肢短小，后肢粗大，尾巴又粗又长，以后足行走。

盔龙的脸上有皮囊，有时它会把皮囊鼓成球状，并发出类似青蛙的叫声，这主要是用来向其他的恐龙群传递信号或者是吸引异性的。

生性机敏

盔龙是一种以群居方式生活的植食性恐龙，主要生活在水中，但它偶尔也会来到陆地觅食。盔龙的脚趾上没有利爪，因此它不能抵御大型肉食性恐龙的袭击，但是盔龙生性机敏，当遇到大型猎食者的时候，它会跳入湖中，用自己的智慧摆脱不会游泳的肉食性恐龙。

小小图书馆

盔龙身上没有盔甲、棘刺和利爪,它们只能依靠敏锐发达的视觉和听觉器官去预防不测。

头顶"斧头"的"水牛"——赖氏龙

基本特征

赖氏龙因斧头状的冠饰而著名，它们的冠饰向前倾，由于冠饰中有鼻管绕过，因此它们的冠饰大部分是中空的。科学家们推测，赖氏龙的冠饰有很多种功能，其中包括：存放盐腺、储存空气、制造声音、辨认不同种或不同性别等。赖氏龙的眼窝比较大，这说明这种恐龙的视觉系统占据的空间较大，因此可能具备敏锐的视觉能力。另外，多数古生物学家都认为赖氏龙是通过头冠发出的声音进行交流的，如果事实果真如此，那么赖氏龙的听觉也一定是比较发达的。

进食方式

赖氏龙以植物为食，喙状嘴能够帮助它们割断植物，复杂的齿部能够帮助其将植物磨碎。赖氏龙的两颊排列着数百颗牙齿，但赖氏龙只使用其中一小部分牙齿，它们会利用这一小部分牙齿咀嚼植物。它吃饱以后会去水塘边喝水，说不定还会在水里泡上一阵，就像今天的水牛一样。

小小图书馆

赖氏龙与其他同类一样，指和趾端都生有大小不同的蹄，既能四脚落地，也能两腿行走。

吃同类的掠食者——玛君龙

基本特征

玛君龙是一种体形中等的掠食恐龙。它平均体长为7米左右,包含尾巴在内。玛君龙有一个特殊的头颅骨,它们的头颅骨又长又厚,表面粗糙不平。玛君龙的口鼻部很短,前肢短小,后肢长而粗壮。玛君龙的头顶上有一个半圆形角状物。这种角状物可能由角质构成,并由某种结构覆盖。

猎食特点

玛君龙是一种肉食性恐龙,可能有与现代的猫科动物类似的猎食方式。玛君龙会使用短而宽的口鼻部狠狠地咬住猎物,直至把猎物完全制伏。而结实的颈部肌肉则能够保证当猎物挣扎的时候,玛君龙的头部始终保持稳定。

小小图书馆

虽然玛君龙在其生存年代有很多食物来源,但是仍然有证据显示,玛君龙有同类相食的现象。但目前还不能确定,玛君龙是主动猎食自己的同类,还是以同类的尸体为食。

强大的自卫者——牛角龙

基本特征

牛角龙是一种以四足行走的植食性恐龙。牛角龙长 8 公尺，重 8 吨，牛角龙最显著的特征就是它有一个巨大的头部，它的头部几乎能占到整个身长的一半，因此牛角龙的头骨被认为是有史以来陆上动物中最大的。当牛角龙低下头时，它的头盾就会竖起来，这时候的牛角龙看上去会显得更加庞大。一般认为牛角龙也有色彩鲜艳的冠饰，用于求偶与阶级斗争。

强大的自卫者

牛角龙的头盾可以说是它防御敌人最好的武器，除了那蔚为壮观的头盾，牛角龙的眼睛上面还有两只大尖角，头端还有一只小角，这些装备使其即使是与最强大的肉食性恐龙交手时，也丝毫不显逊色。当与对手面对面撞上而谁也不愿意示弱退让时，牛角龙就会先是左右摇摆它那巨大的脑袋吓唬对方，接着就叉开两只前腿站稳。最后两只恐龙就把角抵在一起了，然后开始进行力量的较量。

小小图书馆

牛角龙的体形如同今天的大象,庞大而笨重,一头成年牛角龙的体重相当于五头成年犀牛的体重,即使你离它很远,也能够轻易地发现它。

被冤枉的"窃贼"——窃蛋龙

基本特征

窃蛋龙是一种外形奇特的小型恐龙,大小与鸵鸟类似。窃蛋龙的头顶有一个脊冠,一般认为,这个脊冠是装饰用的。窃蛋龙是最像鸟类的一种恐龙,还有一条类似袋鼠的长尾巴。此外,一些科学家认为,窃蛋龙的身上可能长有羽毛。

生活习性

窃蛋龙是一种杂食性恐龙,以软体动物为食。窃蛋龙那类似鸟喙的嘴,能够敲碎坚硬的软体动物的壳。科学家研究认为,窃蛋龙其实并不偷窃其他恐龙的蛋,而且它们像鸟类一样会孵蛋,因此窃蛋龙可能是不会飞的鸟类的祖先。

小小图书馆

古生物学家在发现窃蛋龙的骨骼化石时，发现骨架正好趴在一窝原角龙的蛋上，当时的古生物学家认为这种恐龙正在偷其他恐龙的蛋，于是古生物学家将这种恐龙命名为窃蛋龙。1990年，中外科学家发现窃蛋龙是一个很爱自己孩子的恐龙，并不是偷蛋者，不过，国际动物命名法规有规则，就是窃龙蛋的名字不能随便改变。所以，还要继续使用这一略带贬义的名字。

最大的角龙——三角龙

基本特征

三角龙是一种体形巨大的四足恐龙，四肢非常粗壮，是目前发现的最大的角龙，体形与今天的犀牛很相似。三角龙身长约9米，体重可达10000千克以上。三角龙因为额头上有两只长角、鼻尖上有一只短角而得名。除了三只角状物，三角龙还有一个巨大的颈盾，起初科学家认为三角龙的颈盾是用来自卫的，但现在多数科学家认为三角龙的颈盾其实是吸引异性的工具。也有一些科学家认为，三角龙的颈盾很可能与剑龙的骨板有类似的、能够调节体温的功能。

生活习性

三角龙以森林植物为食。灵活的脖子使三角龙不仅能够吃到树上的树叶，也可以吃到地面上的植物。强有力的喙状嘴能使其咬断如棕榈、蕨类植物、苏铁等坚韧的植物。剪刀般的牙齿能帮助其把植物咬碎。三角龙的颚部前端具有长而狭窄的喙状嘴，被认为较适合抓取、拉扯。这些笨重的素食性恐龙过着群居的生活，在北美洲温暖、有微风的森林中四处漫游。

小小图书馆

三角龙与霸王龙生活在同一时代的同一陆地上,因此它们相遇的概率很高。霸王龙无疑是一种强大的肉食性恐龙,而三角龙也是当时最强大的植食性恐龙之一。三角龙的角是由实心的骨头长出来的,因此它们的角具有很强的破坏力,即使是强大的霸王龙也不敢轻易地捕食它们。

多牙的植食者——山东龙

基本特征

山东龙是一种大型恐龙,身体的总长能达到15米左右。山东龙有一根很长的尾巴,长长的尾巴几乎占它们身体长的一半。山东龙的尾巴不仅长,而且十分粗壮,当它们直立行走的时候,尾巴就会被举起来,帮助身体保持平衡。山东龙鼻孔附近有个由宽松垂下物所覆盖的洞,可能用来发出声音。

生活习性

山东龙是一种群居的植食性恐龙，它们喜欢和同伴集体出行，这样能够帮助它们抵御肉食性恐龙的袭击。山东龙没有门齿，但是它们的颌部有近千颗牙齿，这些牙齿被分成 60 ~ 63 个区块，能够将植物磨得很碎。

小小图书馆

山东龙既可以用后足行走，又能以四足行走。一般情况下，山东龙以四足行走，而在躲避肉食性恐龙追捕的时候，它们则会用后足快速奔跑。

强大的猎食者——食肉牛龙

基本特征

食肉牛龙又名牛龙,是一种生活在南美洲的肉食性恐龙。尽管肉食性牛龙的身形十分庞大,但是它们的头部很小。食肉牛龙的头颅骨小而厚实,上面有许多孔,能够减轻重量。食肉牛龙的头部看上去与牛头类似,这是其最主要的辨认要诀。除此之外,食肉牛龙的特别之处还在于其眼睛的上方有两只又粗又厚的短角,以及短小的前肢。

科学家根据化石判断,在食肉牛龙的身上,沿脊椎从头到尾生有成行的锥形隆起,在这些骨质的隆起上覆盖着非常华丽的圆形鳞片。

除了一些明显的特征外,食肉牛龙还有一个很长的脖子,它们的胸部强壮厚实,尾巴细长。食肉牛龙的头部虽小,但是其口鼻部很大,这显示其可能有一个发达的嗅觉器官。

强大的猎食者

食肉牛龙是十分强大的捕食者,其后肢长而强壮,能够快速奔跑。食肉牛龙的嘴部可以大幅度地张开,并且它们的咬合力速度很快,能在短时间内将猎物杀死。食肉牛龙的牙齿虽然细小,但是牙齿呈锯齿状,十分锋利,能够撕咬猎物,甚至咬断猎物的骨头。

小小图书馆

食肉牛龙还有着强有力的尾巴。假如缺少尾巴,食肉牛龙肯定不会进行高速的运动。长长的尾巴,就用来保持运动时候的平衡。为了捕获挣扎的猎物,这条尾巴还可以使食肉牛龙的头向前伸展。

"短跑冠军"——似鸡龙

基本特征

似鸡龙的学名意为善于模仿鸡的恐龙,但其实它们从外表看上去更像是鸵鸟。似鸡龙的身高是人的3倍,体重有450千克,这远比任何一只鸡都重得多。似鸡龙的头很小,脖子很长,嘴部很像鸭嘴,嘴中没有牙齿。

短跑冠军

在恐龙家族中,似鸡龙有"短跑冠军"的称号,它们的速度能超过任何一匹赛马,这是因为似鸡龙的身体有很多适应快速奔跑的特征。似鸡龙的骨头是中空的,这使其体态十分轻盈。似鸡龙的后肢很长,在奔跑时的跨步很大,能够摆脱大型肉食性动物的追捕。似鸡龙能够快速奔跑,还得益于它们僵直的尾巴,能够在奔跑时帮助其保持平衡。

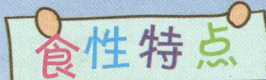

食性特点

似鸡龙的前肢上有三个指爪，十分锋利，但是似鸡龙的指爪并不能很好地抓取东西，也撕不开肉。似鸡龙是一种杂食性恐龙，多数情况下，似鸡龙以植物为食，但是它们偶尔也食用小型昆虫和哺乳动物，有时似鸡龙也会捕食蜥蜴。似鸡龙在进食的时候主要依靠的是它们的喙状嘴。

小小图书馆

似鸡龙的眼睛很大，长在头的两侧，能够帮助似鸡龙环顾四周，快速发现身边的危险。当危险来临时，它能迅速消失在茂密的大森林中。

视力良好的杂食者——
似鸟龙

生活习性

似鸟龙生活在沼泽和森林地区，是一种杂食性恐龙，主要以植物为食，但是偶尔也会捕食小型昆虫和哺乳动物等。似鸟龙会用后肢上的利爪攻击猎物，再用前肢的指爪抓捕猎物。似鸟龙有一双大的眼睛，而且十分明亮，即使在漆黑的夜晚，它们也能轻易捕食猎物。

基本特征

似鸟龙，顾名思义，是一种外形类似鸟类的恐龙。似鸟龙身长 3.5 米，高 2.1 米，重 100–150 千克。它们是两足行走恐龙，外形类似鸵鸟，头部较小，眼睛比较大，不过上下颌没有牙齿。它强有力的后肢和轻而中空的骨头使它们能高速奔跑。在奔跑时，似鸟龙的尾巴会在左右摆动，这不仅使其在短距离奔跑时有冲刺的能力，也能够帮助它们在奔跑时急转弯。

小小图书馆

在许多作品中，似鸟龙的皮肤都被刻画成类似鳞状。但是很多科学家认为，似鸟龙与鸟类一样，它们的身上可能长了一层原始羽毛。

顶级猎食者——特暴龙

基本特征

特暴龙是在亚洲发现的体形最大的肉食性恐龙，仅仅比霸王龙小一点。特暴龙的头部很大，颈部呈S形弯曲，尾巴在多数情况下水平抬起。特暴龙的前肢很短，但前肢上有锐利的指爪，而它们的后肢强壮有力，能够支撑身体，并以后足行走。已知最大型特暴龙个体身长12米，头部离地面约4.2米。一般体重3吨到5吨，最大的化石体重可达到7.5吨。

顶级猎食者

特暴龙生活在潮湿的泛滥平原地区，它们处于食物链的顶端，以大型恐龙为食，是顶级猎食者。特暴龙通常会群体出动捕食，它们有时候吃死掉的动物尸体，有时候自己抓捕猎物，甚至会抢其他恐龙的猎物。

小小图书馆

尽管特暴龙生存的年代比霸王龙要晚，与霸王龙的生存地点也不同，但仍然有许多科学家认为，它们是类似的动物。

会飞的爬行动物——无齿翼龙

基本特征

无齿翼龙是一种会飞的爬行动物,是体形较大的翼龙之一,长约1.8米,翼展约8.2米。体重约15千克。无齿翼龙的头部很大,眼睛也很大,喙很长,几乎没有尾巴。无齿翼龙的头部后方有一个尖尖的、向后延伸的冠饰,雄性无齿翼龙的冠饰往往要比雌性无齿翼龙的冠饰大。无齿翼龙的冠饰可能是求偶用的,有可能是它们维持身体平衡的工具。

滑翔能力

有证据显示,无齿翼龙大部分时间是在滑翔而不是飞行,它们会利用上升的热气流顺势抬高自己的身体进行滑翔。无齿翼龙不仅能够扇动翅膀滑翔,而且还能远距离滑翔。无齿翼龙很可能像信天翁那样,张开自己巨大的翅膀在天空中滑翔,只是偶尔的扇动一下双翼。

小小图书馆

　　无齿翼龙的喉颈部有皮囊,一些古生物学家们猜测,无齿翼龙的皮囊可能是用来维持头部平衡的;也有一些古生物学家认为,无齿翼龙的皮囊是用来储存食物的,它们会像鹈鹕一样吞食鱼类。

无角的角龙——纤角龙

基本特征

纤角龙是一种植食性恐龙，以后足行走和站立。纤角龙的身长约 2 米，体重 68～200 千克。纤角龙的名字中虽然有"角"，但是它们却没有长角，因此纤角龙又被翻译成隐角龙。纤角龙虽然没有长角，但是它们的头上有一圈板状的硬甲，也能起到抵御猎食者的作用。

小小图书馆

纤角龙生活的时代，开花植物已经遍布大陆，因此它们可能主要以开花植物，以及蕨类植物、苏铁植物和松柏植物为食。纤角龙与它们的近亲三角龙、牛角龙生存于同一时代。

尖牙利爪的猎手——迅猛龙

基本特征

迅猛龙又被翻译成速龙、伶盗龙,化石发现于蒙古和中国的内蒙古地区。迅猛龙的身形不大,大小与火鸡类似,但是它们的头部很长,脑子占身体的比重很大,这表明迅猛龙是一种聪明的恐龙。迅猛龙的后肢十分结实,这使其不仅善于跳跃,而且还善于奔跑。长长的尾巴则能够帮助迅猛龙在快速奔跑的时候保持身体平衡。

捕食特点

迅猛龙是一种肉食性恐龙,个性凶猛残暴。在捕食的时候,迅猛龙会与同伴一起去捕食比自己身形大的植食性恐龙。迅猛龙的嘴中有26~28颗牙齿,牙齿边缘呈锯齿状。除了尖锐的牙齿,迅猛龙的四足上还长有长而锋利的爪子,是迅猛龙用来捕杀猎物最重要的"武器"。

迅猛龙的后足上有四根脚趾,内侧第二根脚趾上的利爪粗大而弯曲,像一把镰刀。当捕杀猎物的时候,迅猛龙会先用前肢上的利爪钩爪猎物,然后用一个后肢支撑自己的身体,再举起另一个后肢上的"镰刀"扎进动物的腹部,并撕咬猎物的致命之处,将猎物置于死地。

小小图书馆

迅猛龙可能在某种程度上是温血动物，因为它们猎食时必须消耗大量的能量。因为迅猛龙的身体覆盖着羽毛，而在现代的动物中，具有羽毛或毛皮的动物通常是温血动物，它们身上的羽毛或毛皮可以用来隔离热量。

有颈盾的群居者——野牛龙

基本特征

野牛龙身长估计可达6米，身高约1米。野牛龙有一个向前弯曲的鼻角，看上去就像一个开瓶器。不过这个角可能只在成体中才有。野牛龙最引人注目的地方就是颈盾，它们的颈盾是实心的，边缘呈波浪状。此外，野牛龙的颈盾顶端还有两只尖尖的、向上生长的长角，这两只长角可能是用来与其他恐龙搏斗用的。

生活习性

野牛龙是植食性恐龙，喜欢生活在温暖以及半干燥的森林中。在野牛龙生存的年代，开花植物的范围十分有限，因此它们可能以蕨类植物、苏铁植物和松柏植物为食。

小小图书馆

1985年，科学家在美国同一地点发现了15只野牛龙的骨骼化石，这些骨骼化石是野牛龙遭遇洪水或者山体滑坡后被埋没形成的，这显示野牛龙是一种集群生活的恐龙。

头长"巨瘤"的"丑八怪"——肿头龙

基本特征

肿头龙,是那些很丑的恐龙中最难看的。肿头龙因其头顶有一个坚硬的骨质圆顶而得名。肿头龙的头顶肿得就像一个巨瘤,头的周围都布满了骨质小瘤,有的个体头部后方有大而锐利的刺。肿头龙的眼睛很大,可能有良好的视力。此外,肿头龙还有一个庞大的身躯,科学家们猜测,肿头龙的身躯能比得上一辆旅行车。

生活习性

肿头龙的前肢短小,后肢长而强壮,因此它们只能依靠后足行走。由于肿头龙的牙齿比较锐利,因此不能哺烂纤维丰富的坚韧植物。科学家推测,肿头龙可能以植物的种子、果实和柔软的叶子为食。肿头龙或许是一个杂食性恐龙,除了食用植物外,它们很可能也食用蛋类等。

小小图书馆

　　肿头龙擅长以厚厚的头部与其他恐龙进行撞击，它们的头骨像安全帽一样，有保护大脑的功能。肿头龙喜好过群体性的生活，通过撞头，成年雄性的个体来决定群体的领袖人物。到了繁殖的季节，为了与雌性个体来进行交配，它们也会以这种方式来决出胜负。

恐龙之最

1. 最早出现的恐龙——始盗龙

始盗龙是迄今为止发现的最古老的恐龙,2亿3千万年前,它就生活在地球上。

2. 跑得最快的恐龙——奔鸟龙

奔鸟龙可能是跑得最快的恐龙,时速超过70公里／小时。

3. 最大的恐龙——震龙

震龙的身长有39至52米,体重达到130吨,也就是说,2到3条震龙头尾相接地站在一起,就可以从足球场的这个大门排到另一个大门。

4. 最重的恐龙——巨体龙

据推测,巨体龙的体重只有蓝鲸能与之相比,体重约为195吨。

5. 爪子最长的恐龙——镰刀龙

镰刀龙第二指爪的长度超过 75 厘米,和课桌差不多长。

6. 爪子最大的恐龙——重爪龙

重爪龙是强壮的肉食性恐龙。它的爪是迄今为止发现的最大恐龙爪。爪的外侧弧线达 31 厘米长。

7. 最高的恐龙——波塞东龙

波塞东龙是目前已知最高的恐龙,经估计有 18 米高。

8. 最小的恐龙——细颚龙

细颚龙只有 1 米长,2.5 千克。

9. 尾巴最长的恐龙——梁龙

梁龙是个巨大的恐龙,它脖子长 7.5 米,尾巴 13.4 米。尽管梁龙体型巨大,梁龙的脑袋却是纤细小巧。

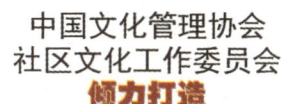

中国文化管理协会
社区文化工作委员会
倾力打造

恐龙博物馆的魔幻之旅 下

林 莹 编著
袁荣涛

天津出版传媒集团
天津科学技术出版社

卷首语

穿越！重回远古地球光怪陆离的奇趣世界。探秘！揭开史前时代生生不息的神奇奥秘。带你踏入时光隧道，回到无比神秘的史前时代，开始一段让你了解古生物与恐龙的惊叹之旅。

带你去探索曾漫步于陆地上、畅游于深海里、翱翔于天空中的恐龙奥秘。本书通过栩栩如生的复原图，带你回到那令人惊叹的失落世界。为你细致地讲述史前生命的演化、探索、发现，以及各种恐龙的身世之谜，它们按演化的类群或出现的时间排列，配以科学严谨的讲解，本书堪称是一场全面展现地球恐龙发展史的盛典！

现在，你准备好开始一段令人惊叹的了解古生物恐龙的视觉之旅了吗？

前 言

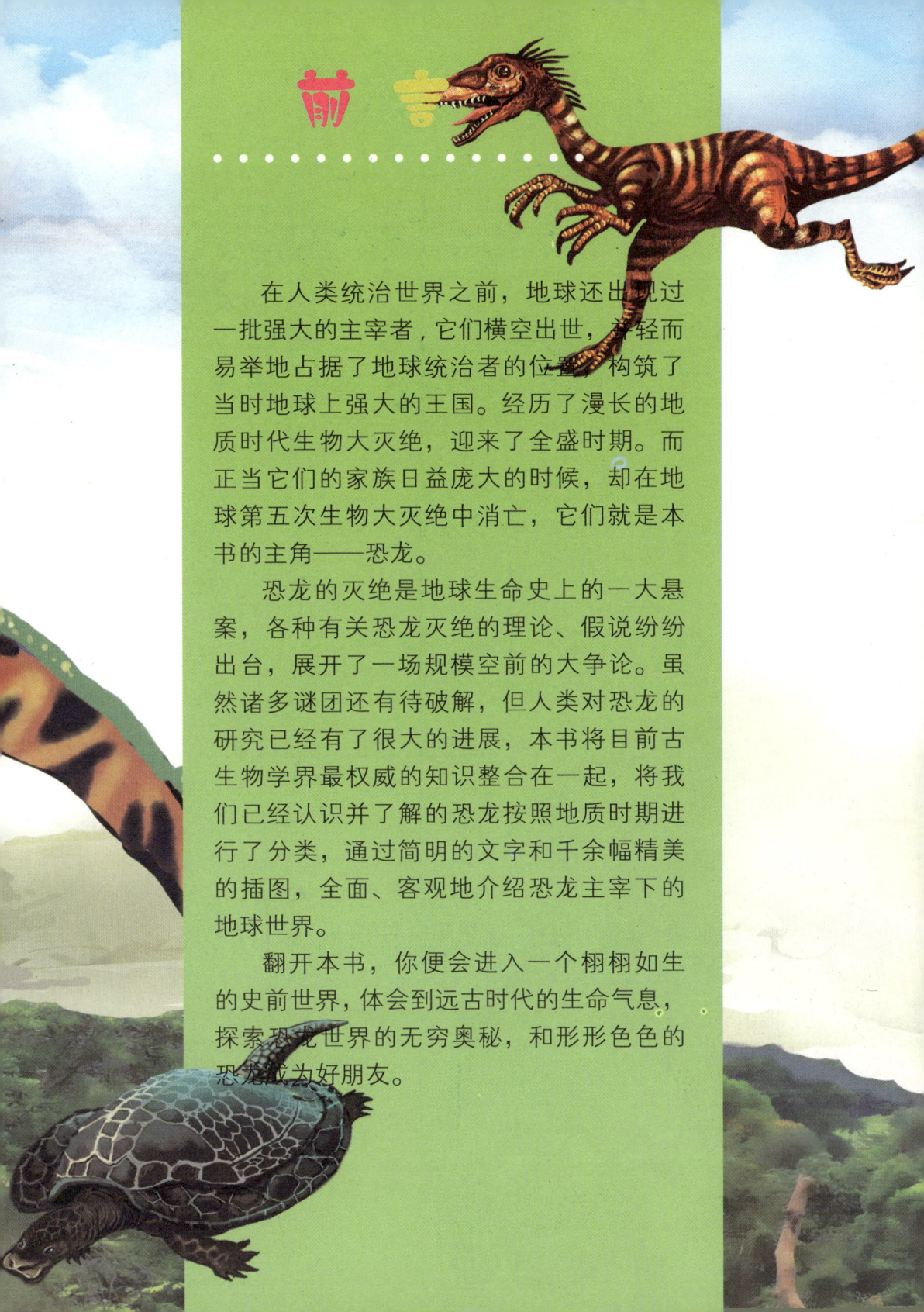

在人类统治世界之前，地球还出现过一批强大的主宰者，它们横空出世，轻而易举地占据了地球统治者的位置，构筑了当时地球上强大的王国。经历了漫长的地质时代生物大灭绝，迎来了全盛时期。而正当它们的家族日益庞大的时候，却在地球第五次生物大灭绝中消亡，它们就是本书的主角——恐龙。

恐龙的灭绝是地球生命史上的一大悬案，各种有关恐龙灭绝的理论、假说纷纷出台，展开了一场规模空前的大争论。虽然诸多谜团还有待破解，但人类对恐龙的研究已经有了很大的进展，本书将目前古生物学界最权威的知识整合在一起，将我们已经认识并了解的恐龙按照地质时期进行了分类，通过简明的文字和千余幅精美的插图，全面、客观地介绍恐龙主宰下的地球世界。

翻开本书，你便会进入一个栩栩如生的史前世界，体会到远古时代的生命气息，探索恐龙世界的无穷奥秘，和形形色色的恐龙成为好朋友。

目录

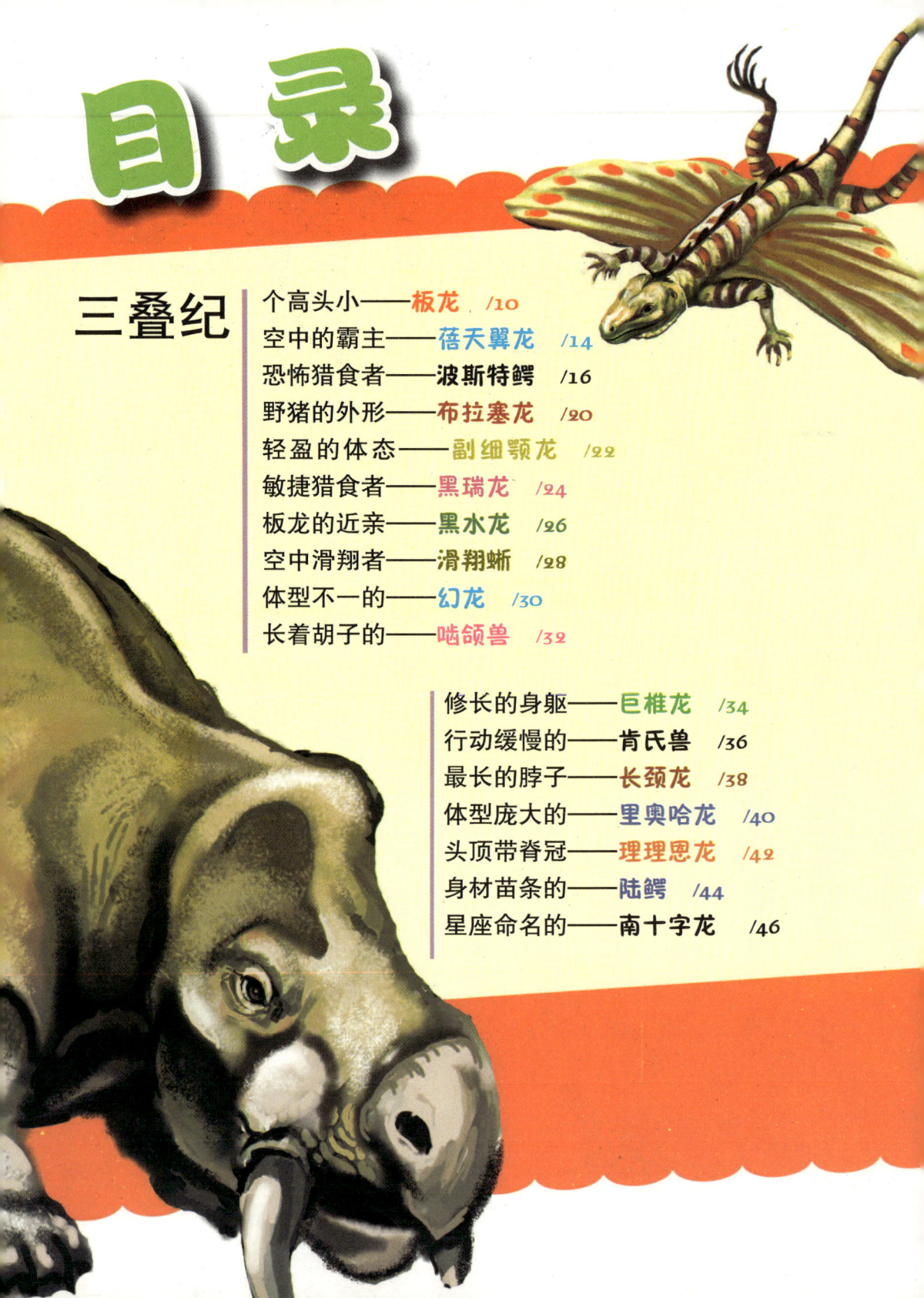

三叠纪

- 个高头小——**板龙** /10
- 空中的霸主——**蓓天翼龙** /14
- 恐怖猎食者——**波斯特鳄** /16
- 野猪的外形——**布拉塞龙** /20
- 轻盈的体态——**副细颚龙** /22
- 敏捷猎食者——**黑瑞龙** /24
- 板龙的近亲——**黑水龙** /26
- 空中滑翔者——**滑翔蜥** /28
- 体型不一的——**幻龙** /30
- 长着胡子的——**啮颌兽** /32
- 修长的身躯——**巨椎龙** /34
- 行动缓慢的——**肯氏兽** /36
- 最长的脖子——**长颈龙** /38
- 体型庞大的——**里奥哈龙** /40
- 头顶带脊冠——**理理恩龙** /42
- 身材苗条的——**陆鳄** /44
- 星座命名的——**南十字龙** /46

恐龙的祖先——**鸟鳄** /48
集体捕食的——**腔骨龙** /50
顶级掠食着——**钦迪龙** /54
哺乳动物的祖先——**犬齿兽** /56
乌贼的猎手——**沙尼龙** /58
海洋主宰者——**蛇颈龙** /60
最原始的恐龙——**始盗龙** /64
河马的体型——**水龙兽** /66
身披盔甲的——**铁沁鳄** /68
似龟不是龟的——**无齿龙** /72

分布广泛的——**异平齿龙** /74
笨重身躯的——**引鳄** /76
性情凶猛的——**有角鳄** /78
像鱼不是鱼的——**鱼龙** /80
空中的王者——**正双形齿兽** /82
鳄鱼的远亲——**植龙** /84

侏罗纪

- 身体比例特殊的"杀手"——斑龙 /86
- 头顶"山峰"的耐寒者——冰脊龙 /88
- 梁龙的远亲——叉龙 /90
- 水边丛林的猎手——单脊龙 /92
- 最大的陆地动物——地震龙 /94
- 爱孩子的植食者——华阳龙 /96
- 强大的海洋猛兽——滑齿龙 /98
- 捕鱼高手——喙嘴龙 /102
- 身背骨板的"笨蛋"——剑龙 /106
- 鼻上长角的水陆捕手——角鼻龙 /110
- 满身是"钉"的"小不点"——钉状龙 /112
- 侏罗纪的庞然大物——雷龙 /114
- 防御"专家"——棱背龙 /116
- 北美洲霸主——梁龙 /118
- 牙齿如刀片的"袋鼠"——禄丰龙 /122
- 亚洲第一龙——马门溪龙 /124

始祖鸟的近亲——**美颌龙** /126
恐龙家族中的"侏儒"——**欧罗巴龙** /128
精悍的掠食者——**嗜鸟龙** /132
牙齿呈勺状的素食者——**蜀龙** /134
头顶双冠的"凶神恶煞"——**双冠龙** /136
缩小版的禽龙——**弯龙** /138
体形巨大的"贪吃鬼"——**腕龙** /140
谨慎的"铁布衫"——**小盾龙** /144
牙齿奇特的杂食者——**异齿龙** /146
大型掠食者——**异特龙** /148
种类繁多的飞行者——**翼手龙** /150
凶猛残暴的独行者——**永川龙** /152
有气腔的爬行动物——**圆顶龙** /154
水中"杀手"——**真鼻龙** /156

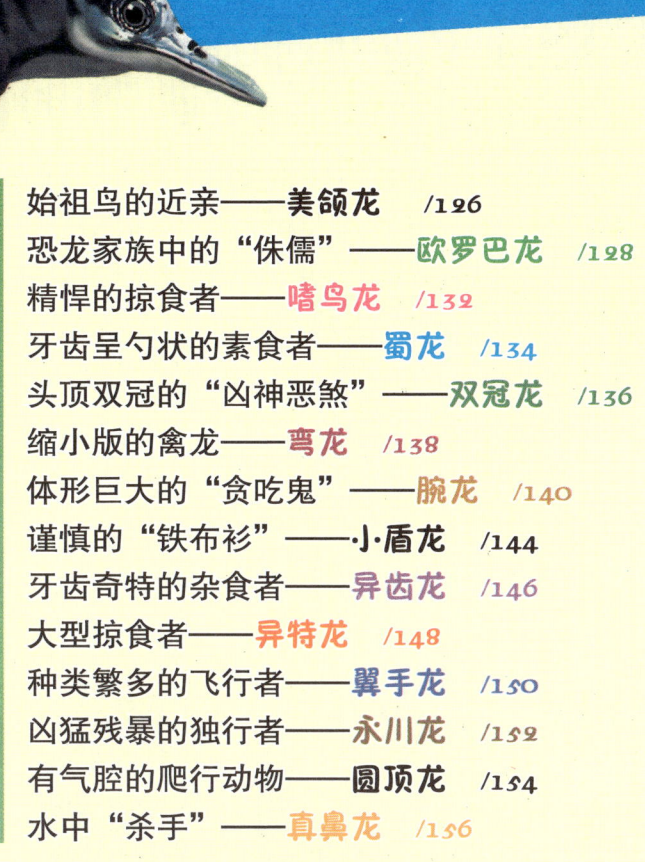

个高头小——板龙

基本特征

板龙是已知最大的三叠纪恐龙,也是三叠纪最大的陆生动物,是早期草食性恐龙。

身长6～10米,体重500～700千克。板龙比其他类似大小的动物都要强壮,头与身体相比,显得小而窄。板龙拥有长颈部,由9个颈椎构成,身体结实呈梨状。板龙的尾巴由至少14个尾椎构成,可作为长颈部与前部身体的平衡工具。

特殊癖好

板龙主要以高大的植物为食。板龙的牙齿和上下颌的结构都不大适合于咀嚼。因此,板龙大概是在取食食物的同时通过吞下各种石头,让它们储存在胃中,像一台碾磨机那样滚动碾磨,把食物碾碎成糊状以帮助消化。

群体生活

板龙是属于早期恐龙族群之一,虽然他们的身体庞大,但是还是会和同伴一起行动,一起在树丛中寻找食物。它们的眼睛朝向两侧,而非前方,形成全范围的视线范围,可警戒、注意掠食者。

猎食条件

板龙有着筒状的身躯，除四足步行外，也可直立，直立时高达3米，能够采食到最高的树梢叶子。头细小，口中有齿，颈长尾长，躯体粗大，有5个指头，拇指有大爪，爪能自由活动，用利爪抓摘食物，也能赶走敌人。

板龙的上颌与下颌拥有许多小型牙齿，前上颌骨有5到6颗，上颌骨有24到30颗，齿骨上有21到28颗。这些牙齿有锯齿状、叶状的齿冠，适合撕扯植物。板龙被认为拥有狭窄的颊囊，可避免食物在进食时溢出嘴部。

小小图书馆

板龙曾出现于电影《历险小恐龙2》开场段落。另外，板龙也在BBC的电视节目《与恐龙共舞》第一集中短暂出现，用来说明恐龙的成功。也出现于微软的游戏《动物园大亨：侏罗纪》。

空中的霸主——蓓天翼龙

基本特征

蓓天翼龙又名翅龙，是种史前杂食性爬行动物。它是目前人们已知最早的具有振翅飞翔能力的翼龙。蓓天翼龙的嘴巴和牙齿又尖又细，这样可以帮助他们快速、准确的猎食昆虫。它的翅膀是由前肢和后肢共同组成，身长可达60多厘米，而它的长尾巴可达到20厘米，这样就可以在快速飞行的时候保持身体平衡。

普遍特征

和大部分翼龙一样，倍天翼龙的头骨很薄，像纸一样，但是异常坚固。由脊椎延伸的并骨化肌腱使得尾巴更为坚挺；两者特征有利于它们的飞行，这些特征在三叠纪翼龙类中相当普及。

空中捕食

在蓓天翼龙生存的时代,空中的动物并不多,主要生活在河谷、沼泽中。远古的蜻蜓是它们最喜欢的食物。作为身形娇小的动物,远古蜻蜓轻盈而灵活,但是当遇到蓓天翼龙还是难逃捕食的命运。

小小图书馆

蓓天翼龙的第五趾长,缺乏趾爪。其关节允许第五趾弯曲到与其他趾骨不同水平面,但是这样的功能究竟为何?现在还未知晓。

恐怖猎食者——波斯特鳄

基本特征

波斯特鳄是一种产自得克萨斯、亚利桑那和新墨西哥州的巨型初龙类，以得克萨斯州的小镇波斯特命名。波斯特鳄体长6米左右，并具有较高的巨大头骨，头骨明显狭窄，沿着头顶两侧长有延长的脊。这些脊上具有小的角状装饰，可能是在求偶和攻击中作为炫耀的结构。波斯特鳄的颈、背和尾部覆盖着像鳞片一样的盾甲状结构，成为鳞甲。它们的牙齿呈弯曲状，像匕首一样锋利，能够轻松的撕咬猎物。鼻孔很大，嗅觉可能十分发达，用以搜寻猎物。

猎食条件

波斯特鳄具有肌肉发达的上臂，但手相对较小。尽管人们估计它的前肢比后肢略短，但这两条前肢仍然足够长而结实，因为波斯特鳄要用它们走路。它们主要猎食小型爬行动物。与肉食恐龙一样，行动十分敏捷，能够快速地抓住并杀死猎物，成为它们的美餐。

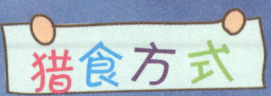

猎食方式

波斯特鳄的体型不适于快速奔跑，但它具有比当时大而笨重的植食性动物较长而细的腿，它可以从隐蔽处冲出，在它们身体侧面造成致命伤口，从而猎杀它们。它显然是一种令人生畏的捕食动物，较小的动物，包括当时的其他恐龙都会对它敬而远之。

小小图书馆

波斯特鳄曾出现于BBC的电视节目《与恐龙共舞》中，该电视节目使用电脑绘图重建中生代动物的面貌。在该节目中，波斯特鳄以顶级掠食者方式出现，猎食其他恐龙。

野猪的外形——布拉塞龙

基本特征

布拉塞龙是生长在三叠纪晚期的四肢草食性动物。它们聚集成很大的族群，居住在旷野中。外形与野猪非常相似，但是身体却比野猪庞大的多。四肢短小但有力。布拉塞龙与众不同的地方在于拥有长而硬的獠牙，以及类似鸟啄一样强壮的嘴，这种构造方便它们轻易地啃食坚硬的植物。

獠牙和鸟啄嘴的作用

长长的獠牙和强壮的啄状嘴以方便它们食用坚硬的植物。它们也用上下颚用以咀嚼食物，不过并不同于人类的咀嚼方式。从它们獠牙的磨损程度，也可以推测出另一种摄取食物的方式。这些牙有掘地的作用，尤其是在旱季中，植物在地面上的部分已枯衰时。某些蕨类在根部有储存水分，它们可以利用獠牙把植物连根拔起，享用食物。布拉塞龙的獠牙还是最好的防御性武器。

小小图书馆

布拉塞龙的獠牙磨损的部分有很深的沟槽，还被抛光。唯一对这种磨损的解释，就是它们曾在两种土壤中挖掘：颗粒状土质与细质沉积土壤。为什么土壤质地会改变这么大呢？最可能的原因是大雨冲刷的程度。因此推断三叠记时期有两种截然不同季节的描绘：雨季与旱季。

轻盈的体态——副细颚龙

基本特征

副细颚龙有着长颈及尾巴,它们的颈椎比较短、较重,而腿部骨头较结实、较长,被认为是非常粗壮的恐龙。在正常的移动时,尾巴会离开地面。它的前肢有一个大爪,而后肢的前三个脚趾拥有趾爪。头骨是中空的,因此它们的体重很轻,行动迅速,动作敏捷。

集群猎食

　　副细颚龙喜欢群体活动,可能成群结队地追逐捕食蜥蜴和昆虫。当一大群副细颚龙从远处走来时,一定是尘土蔽日响声如雷。它们用长长的后腿奔跑,用尾巴保持身体平衡,用它短小的前肢抓获猎物并把它们送入嘴中。并且要花大量的时间来吃东西,而且还狼吞虎咽。食物从长长的食管一直滑落到胃里,在那儿,这些食物会被它不时吞下的鹅卵石磨碎。

小小图书馆

　　副细颚龙是虚骨龙类,这样的名字是因为中空的骨骼而来的。霸王龙、手盗龙等都是虚骨龙类中的主要成员。

敏捷猎食者——黑瑞龙

基本特征

　　黑瑞龙是速度相当快的早期两足肉食恐龙之一。身长约5米，重约300千克，头大颈短。有尖锐的牙齿和爪、强而有力的前肢等。它们骨骼轻巧，所以我们相信它是敏捷的猎食者。它们有3至4米的高度，在早期来说算是巨型。耳骨则显示这种恐龙可能有着灵敏的听觉。

猎食能手

在三叠纪晚期肉食性恐龙非常少，这个时期主要的猎食者包括体型大、类似鳄鱼的动物。黑瑞龙因具有较长的后肢，能够直立，手部有爪可以抓紧猎物，因此比竞争对手更占优势。下颚上有向内弯曲的大牙，能灵活地咬住猎物。另外，黑瑞龙可能拥有比同时期大多数动物都要灵敏的听觉，这样能在猎食的过程中全方位的锁定猎物。

小小图书馆

就在恐龙成为陆地动物的主宰之前，黑瑞龙属曾兴盛一时。它们很像所有恐龙共同的祖先，保持食肉的习性和猎食动物的特点，在后来的一段时间内，这些都传给了恐龙以及与恐龙有亲缘关系的动物。这些特点成为恐龙时代的优势猎杀者。

板龙的近亲——黑水龙

基本特征

黑水龙是已知最古老的恐龙之一，是一种小型植食性恐龙。身长为2.5米，高度为70到80厘米，体重约70千克。长脖子和长尾巴是它的显著特点，与之后出现的雷龙和梁龙都很相似，因此被认为是它们的祖先。

板龙的近亲

黑水龙的化石是在南美洲的巴西发现的,但是这种恐龙在骨骼结构上非常类似欧洲的板龙,两者很可能有较近的血缘。因此断定,当时的各大洲应该是联合在一块的盘古大陆,动物群可轻易地在盘古大陆上迁徙。这对研究古地理,物种演化有重要意义。

小小图书馆

黑水龙是在2004年10月份的《动物分类》杂志上正式公布。属名在图皮语中意为"黑水"。而化石的发掘地叫阿瓜内格拉,在葡萄牙语中也是"黑水"的意思;因此命名为黑水龙。

空中滑翔者——
滑翔蜥

基本特征

　　滑翔蜥生活在三叠纪晚期的欧洲,类似滑翔的方式飞行。身长60厘米。借助一双皮膜形成的翅膀,它们拥有的长腿,可以轻易地腾跃到空中,并能在树间滑翔。它的翅膀就长在前后肢之间,从身体两侧伸展开来,由很长的翼肋支撑着。

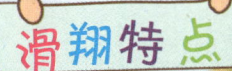

滑翔特点

滑翔科学家对滑翔蜥翅膀一样的翼膜进行研究发现，它们具有很强的适应能力，既能在树林中攀爬，也能在空中滑翔飞行，很少会在地面活动。并且能够利用舌骨上的皮瓣来改变滑翔时的方向。

小小图书馆

空气动力学的研究发现，滑翔蜥可能不是真的在滑翔，而是在树林间来回起落。研究指出，它们以45度降落时，速度可达每秒10—12米。

体型不一的——幻龙

基本特征

幻龙是远古时期一种水栖动物,它们体型大小不一,最小的只有36厘米,最大的长达6米,有点像鳄鱼,都有尾巴和四条短腿,它们还有一张长满了钉子状尖牙的扁长型大嘴巴,捕食各种鱼类。四肢相当发达,因此可以断定幻龙可能可以长时间停留在陆地上以利于交配、生产等活动。

生活习性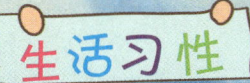

幻龙绝大部分时间生活在海洋中，可以捕捉许多种食物，例如菊石、头足动物、鱼和小爬虫等。尽管它们天生是水栖动物，但有时也会到陆地上生活。有人曾在海岸边及洞穴中发现它们幼年个体的化石，说明幻龙还是很喜欢到陆地上来晒太阳的。就如同今日的海龟和鳄鱼一样，到了繁殖季节，母幻龙就拖着沉重的身体到海滩上产卵。

小小图书馆

幻龙的化石分布在世界各地，在我国的贵州省兴义县，那里的薄层状灰岩中有大量的幻龙化石，其数量之丰富，个体保存之完整在世界上都是非常罕见的。当地老百姓把幻龙叫做"四脚蛇"，经常将其化石作为礼品馈赠亲友。

长着胡子的——啮颌兽

基本特征

啮颌兽生活在三叠纪中期的美洲,４８厘米长,属犬齿兽。虽然它是一种爬行动物,但看上去更像是一种哺乳动物,甚至可能浑身长着毛发,有胡须。它是一种食草动物,长着强健的牙齿,用来咀嚼坚硬的树叶和树皮。

类哺乳动物

啮颌兽与哺乳动物存在很多共同点，都能在咀嚼食物的时候同时呼吸。它们的牙齿也有几种不同的类型。

小小图书馆

啮颌兽四肢肌肉非常发达，行动异常灵活。在遭遇大型肉食性恐龙袭击的时候，能够迅速奔跑逃走。这也是许多小型动物生存的手段。

修长的身躯——巨椎龙

基本特征

巨椎龙又名大椎龙，属名在希腊文意为"巨大的脊椎"。身长约 4-6 米，长尾巴、小型头部、体重接近 135 千克，巨椎龙长久以来被认为是四足动物，但对于前肢生理构造进行研究后，排除了以指关节着地或其他形式的行走方式。从而判定为二足恐龙。拇指有大型指爪，可用来协助进食，或抵御掠食者。

生活习性

巨椎龙主要栖息在森林中,主要以植物为食。它们上肢的利爪不仅可以抓取食物,更能够防御敌人。近期,科学家们推测巨椎龙在进食的同时会吞下石子,帮助消化。

小小图书馆

如同所有恐龙,巨椎龙的许多生物学层面仍然未知,但是近年的研究提出巨椎龙会将短前肢用在抵抗掠食动物、使用拇指指爪来打斗,或是只单单折下树上的食物,因为它们的前肢太短,根本无法直接把食物送到嘴部。

行动缓慢的——肯氏兽

基本特征

　　肯氏兽身长大约 3 米长，大小跟牛差不多大。身材笨重，行动缓慢。是一种大型的陆地植食性动物。它们拥有强力的嘴部，还有强壮的下颌肌肉，可切碎植物。虽然它们的头部很大，但因为眼窝与鼻腔的尺寸关系，重量很轻。它们的结实肩带、骨盘可协助支撑身体。

生活习性

肯氏兽生活在广阔的草原上,具有很强的适应能力。它们独特的嘴部构造,不但能将树叶和树根嚼碎,还能将树木连根拔起。

小小图书馆

肯氏兽是一种类似哺乳动物的爬行动物,它的四肢强壮并向外侧弯曲。这个特征与哺乳动物十分相像。

最长的脖子——长颈龙

基本特征

长颈龙是种生存于中三叠纪的爬行动物,身长约6米。主要的特征是极长的颈部,颈部长3米,比身体与尾巴相加还长。尽管颈部如此长,但颈部只有12个脊椎骨,每个脊椎骨都相当长。长颈龙的化石发现于欧洲与中东。

生活习性

长颈龙体长的四分之三都摊到了它的脖子和尾巴上,它们生活在浅水区但有时候也到岸上来。在陆地上长颈龙捕捉些昆虫和小爬虫吃,而在水里则是鱼和菊石。长颈龙游泳很慢,它们最喜欢沿着岸礁爬行,在不惊扰猎物的情况下,利用长脖子的优点远远地咬住猎物。和现代某些蜥蜴一样,长颈龙的尾巴在被凶猛动物咬住时也可以自己断开,它们则趁机逃跑,尾巴会慢慢再长起来。

小小图书馆

长颈龙被认为是重回两栖生活的爬行动物之一,它们在岸边使用长颈部与锐利牙齿,捕抓浅水里的鱼类与其他海生动物。

体型庞大的——里奥哈龙

基本特征

里奥哈龙拥有重型身体、庞大结实的腿以及长颈部与长尾巴。腿骨大、密度高。脊椎骨中空，可减轻重量。里奥哈龙的脊椎有4节。里奥哈龙应为四足步态缓慢移动。牙齿呈叶状、有锯齿边缘。上颌的前方有5颗牙齿，后方有24颗牙齿。

生活习性

里奥哈龙牙齿形状，显示它们是植食类恐龙。在猎取食物时，可以依靠颈部和后肢站立起来吃到高处的叶子。前肢上的爪子也能够钩住树枝，还可以用来防卫。

小小图书馆

里奥哈龙是里奥哈龙科中唯一生存于南美洲的物种。开始认为是黑丘龙的近亲，但并没有得到多数生物学家的认可，争议直到现在还在继续。

头顶带脊冠——理理恩龙

基本特征

理理恩龙是那个时候生活的最大的食肉恐龙，体长将近2米，重达100至140千克。它有着长长的脖子和尾巴，前肢却相当地短。

猎食习性

理理恩龙一般吃小型恐龙，不到万不得已不会吃植食性恐龙。理理恩龙的进攻方式与许多现代的捕食性动物的猎食方式很相似。因为那些大型的素食动物在水里运动会变得很缓慢，利用这一弱点，它们通常在水里袭击猎物，成功发动对猎物的袭击。

小小图书馆

理理恩龙最特别的地方是它头上的脊冠，由于脊冠只是两片薄薄的骨头，所以很不结实。在捕食时如果脊冠被攻击，它很可能因剧痛而放弃眼前的猎物，这也是唯一能够摆脱它的办法。

身材苗条的——陆鳄

基本特征

陆鳄是一种生活在欧洲的水路两栖爬行动物，外表不类似现代鳄鱼，但它是最早的鳄鱼，和现代鳄鱼相比，陆鳄生活在陆地上的时间较多，所以被称为陆鳄。陆鳄的体长大约为50厘米，尾巴占到身体的三分之二、体重约20千克。腿较长，并且能快速地奔跑。它的上下颌都很长。

小小图书馆

陆鳄的四肢直立于身体之下，显示最原始鳄形类是善奔动物。现代鳄鱼偶尔可高速奔跑，以两只前肢、两个后肢做出前后摆动作，以达到迅速移动。化石显示陆鳄是趾行动物，以脚趾支撑重量行走。某些古生物学家提出，陆鳄可能是跳鳄的未成年体。

猎食能手

陆鳄可能以非常快的速度移动，偶尔以后肢站起，但在正常状态下仍是以四足方式行走。陆鳄的四肢形状、姿势，显示它们可以快速奔跑。它们有非常长的尾巴，相当于头部到身体的两倍。当陆鳄以后肢快速奔跑猎食昆虫或小型动物时，尾巴可能具有平衡重心的功能。

星座命名的——南十字龙

星座命名的——

基本特征

南十字龙是已知最古老的恐龙之一。身长约 2 米，尾巴的长度约 80 厘米。身体内连接骨盆与脊柱的只有两个脊椎骨。

猎食方式

南十字龙在猎食身形较大的猎物时，可以用小而弯曲的牙齿撕扯猎物的皮肉。并且它们的下颌非常灵活，可以利用下颌直接吞食小型动物。

小小图书馆

南十字龙被发现的时候是 1970 年，而当时在南半球的恐龙发现例子极少，因此恐龙的名字便根据只有南半球才可以看见的南十字星座命名。

恐龙的祖先——鸟鳄

基本特征

鸟鳄的头部细长，但是十分轻巧，上颚很长，并且下弯，盖在下颚上，眼窝前方有颅孔。鸟鳄的牙齿很长，呈刀锋状。并拥有健壮的四肢和长长的尾巴。头脚掌具有5根脚趾，身长约4米。

生活习性

鸟鳄并不属于恐龙类,是一种肉食动物。但其与恐龙类、翼龙类的关系较近。鸟鳄是两足行走的掠食者,可能既能用后腿走路又能用四肢着地。与同时代的早期恐龙近似,但由于体形较大,故更加凶猛!

小小图书馆

鸟鳄是一种原始的爬行动物,虽然它的长相与恐龙类似,但是它和今天的鳄鱼更为相似。

集体捕食的——腔骨龙

基本特征

腔骨龙又名虚形龙,是一种中小型肉食性恐龙。腔骨龙的头部狭长。吻部尖细,牙齿锋利。头骨里面是大型洞孔,可帮助减轻头颅骨的重量,而洞孔间的狭窄骨头可以保持头颅骨的结构完整性。长颈部则呈S形。后肢长,前肢短。能够快速奔跑。

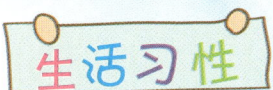

生活习性

　　腔骨龙的牙齿是标准的猎食性恐龙的牙齿，像剑一样并向后弯，牙齿的前后缘有着小型的锯齿边缘。在奔跑时前肢会向胸部靠近，尾巴会向后挺起，这种姿态可以帮助在奔跑时保持身体平衡，前肢可以抓住猎物，锋利的牙齿用来撕咬猎物。

猎食方式

　　腔骨龙平时可能以小群体方式集体猎食。主要捕食一些小型哺乳动物，但有时也会捕食一些大型的植食性恐龙。它们会像现在的狼群一样集体活动，一旦发现猎物，会集群快速的扑上去。

小小图书馆

　　腔骨龙的性情是凶猛残暴的，这种残暴不仅仅表现在猎物上，也同样表现在对待自己的同伴身上。当没有猎物的时候，它们会以自己的同伴为食。

顶级掠食者——钦迪龙

基本特征

钦迪龙又名庆迪龙、魔鬼龙。是一种小型的肉食性恐龙，身长2米。它们头部很长，眼眶很大，头顶有角或者脊冠，长有锋利弯曲的牙齿。后腿肌肉发达有力。

顶级猎食

钦迪龙在当时的地球上是顶级的猎食者。巨大有力的后肢可以使它们快速的奔跑，强健的臂膀可以使它们有力的抓住猎物，长而尖的牙齿能够轻而易举把抓住的猎物撕碎。

小小图书馆

钦迪龙的头部大而沉重,因此必须依靠坚硬发达的尾巴维持身体平衡,因此,在和其他恐龙斗殴或者抢食时,尾巴是钦迪龙首要保护的地方。

哺乳动物的祖先——犬齿兽

基本特征

犬齿兽虽然是一种爬行动物,但是哺乳动物的祖先,因此从外形看,更像是哺乳动物,而不是爬行动物。体长极少数可超过90厘米长。它们在咀嚼食物时呼吸。它们都有几种不同类型的牙齿。和哺乳动物一样,犬齿兽有胡须,也许还有体毛。犬齿兽四肢位于身体之下,能快速奔跑。经常生活在地下的洞穴中,有研究表明,犬齿兽已经是温血动物。

小小图书馆

犬齿兽是体型较小的动物,在当时猎食动物数量较少的时候还是比较很容易猎食的。为了躲避敌害,到傍晚的时候,犬齿兽会出来觅食。早期哺乳动物大多采取这种生存方式。

乌贼的猎手——沙尼龙

基本特征

沙尼龙是生活在美洲的巨型海生动物,一生都在海洋中度过,以鱼为食。看上去像是鲸鱼与海豚的结合体。它们有像鱼一样的尾巴,可以使游动得更有力,它还有四条鳍状肢,而且这些鳍几乎是等长的。它们即可以用来划水,也能够保持身体平衡。它的长而窄的上下颌中只在前部长着牙齿,眼睛很大。身长15米长,最长的可以达到20米左右。

生活习性

沙尼龙最早是从陆生爬行类动物演化来的，但是，后来他们很好地适应了水性，并在水中猎食，繁殖和分娩也都是在水中进行。也会回到水面进行呼吸。

猎食对象

沙尼龙主要捕食乌贼和鱼类，尤其对乌贼情有独钟，只要在水中看到乌贼的身影，一般都逃不出沙尼龙的捕食。

小小图书馆

沙尼龙的牙齿很少，只出现在口鼻部的前端。牙齿位于齿槽，而大部分鱼龙的牙齿则位于齿沟，这显示沙尼龙可能是一个特化的物种。

海洋主宰者——蛇颈龙

基本特征

蛇颈龙的外形像一条蛇穿过一个乌龟壳,头小,颈长,躯干像乌龟,尾巴短。头虽然偏小,但口很大,口内长有很多细长的锥形牙齿,捕鱼为生。许多种类的身体非常庞大,长达11～15米,个别种类达18米。四肢特化为适于划水的肉质鳍脚,使蛇颈龙既能在水中往来自如,又能爬上岸来休息或产卵繁殖后代。

海洋主宰

长颈型蛇颈龙主要生活在海洋中,它们具有宽而扁的身体、较短的尾,颈部长而可弯,腭几乎是硬的,腭生有长的尖齿。很可能通过摆动头,穿过鱼群而摄食,显然能使用其桡足,向前或向后游泳,甚至以身体为轴而侧旋。

胎生动物

蛇颈龙的繁殖方式与多数爬行动物产卵孵化不同，是"胎生"。科学家对在历史博物馆的一具蛇颈龙化石进行了分析。他们发现，化石是一个腹中带着幼仔的雌性蛇颈龙，体长超过4.6米。腹中幼仔体型较大，有近1.5米长，骨骼相对完整，不大可能是被大蛇颈龙吃下肚子的。这表明蛇颈龙是直接生出幼仔，这种生育方式被称为卵胎生。

小小图书馆

研究人员曾在对于蛇颈龙的研究中，发现胃中有数量不等的磨光鹅卵石，这种被称为胃石，多年以来，胃石在科学界一直是富有争议的话题。蛇颈龙体型庞大，脖颈与体躯不成正比，由于它特殊的身体构造，不能将四肢抬起超过臀部将身体完全潜入水中。因此，认为蛇颈龙在猎食中不能很灵活地潜入水中猎物，吞下许多鹅卵石帮助减少浮力不再漂在水面上。

最原始的恐龙——
始盗龙

猎食特征

始盗龙可能主要吃小型的动物。它能够快速的短跑，当捕捉猎物后，会用指爪及牙齿撕开猎物。但是，它同时有着肉食性及草食性的牙齿，所以它也有可能是杂食性动物。

基本特征

始盗龙又名晓掠龙,被认为是目前发现最原始的肉食性恐龙。它们的身体小型,成长后约 1 米长。它是趾行动物,以后肢支撑身体。前肢只是后肢长度的一半,而每只手都有五指。其中最长的三根手指都有爪,被推测是用来捕捉猎物。

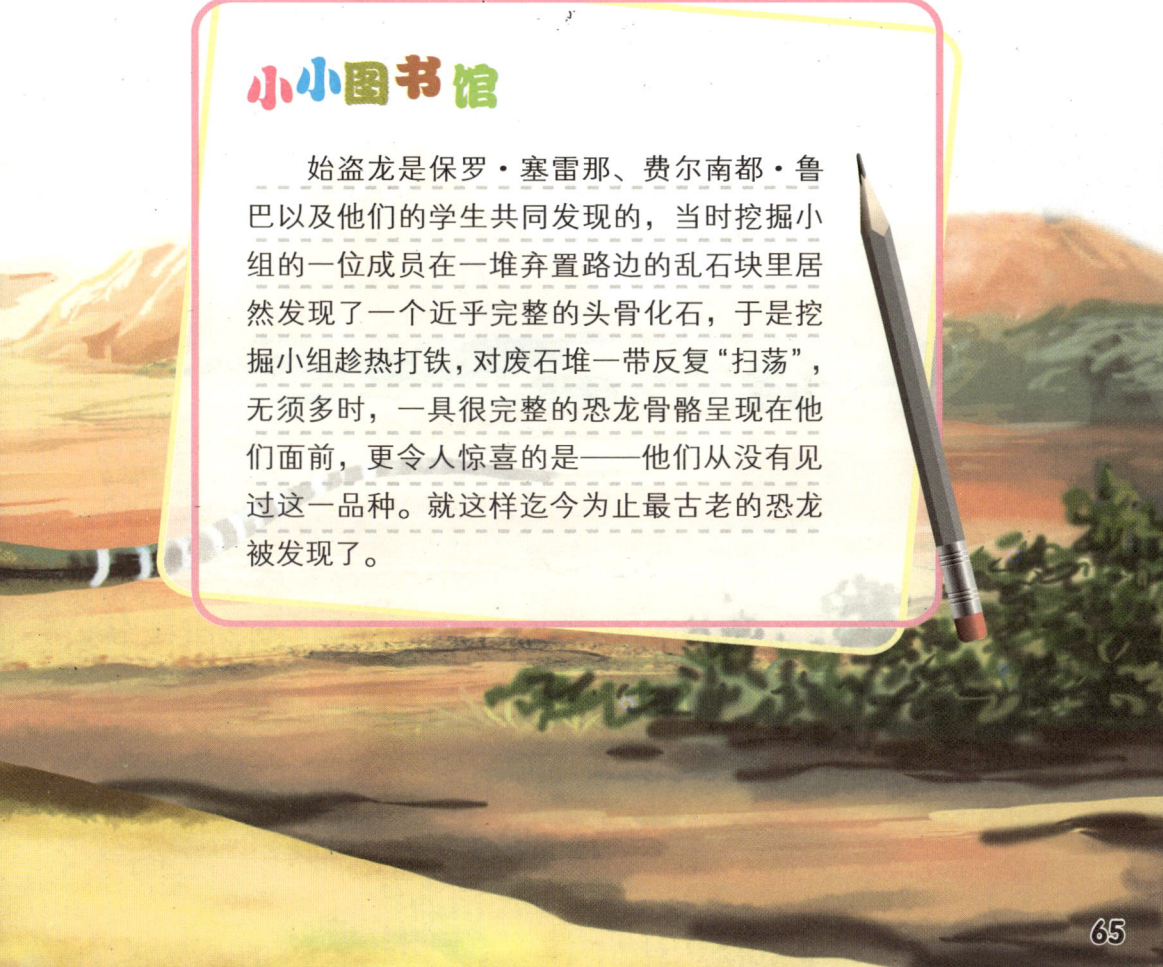

小小图书馆

始盗龙是保罗·塞雷那、费尔南都·鲁巴以及他们的学生共同发现的,当时挖掘小组的一位成员在一堆弃置路边的乱石块里居然发现了一个近乎完整的头骨化石,于是挖掘小组趁热打铁,对废石堆一带反复"扫荡",无须多时,一具很完整的恐龙骨骼呈现在他们面前,更令人惊喜的是——他们从没有见过这一品种。就这样迄今为止最古老的恐龙被发现了。

河马的体型——水龙兽

生活习性

目前看来水龙兽这个名称可能是历史的误会，因为它并不生活在水中。水龙兽很可能和哺乳动物一样是过群体生活的。它那种特殊的牙齿构造，嘴里长着角质喙，用来切断坚硬的植物，

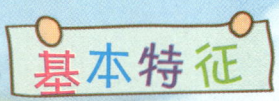
基本特征

水龙兽长约一米，与现代的狗大小相当。体型与今天的河马十分类似。明显的特点是上颌犬齿部位生有一对长牙，此外别无它齿。它的头骨构造比较特别。眼眶位置很高，直达头顶，眼眶前面的脸部和吻部不折向下方，使脸面和头顶之间形成一个夹角，这个夹角有时可达90度。同时，鼻孔的位置也移到眼眶下面。

小小图书馆

6500万年前，地球曾经被恐龙统治过。然而科学家宣称，最后随着地球气候的改变，史前地球也曾经被一群叫作"水龙兽"的动物主宰过。

身披盔甲的——铁沁鳄

基本特征

铁沁鳄是一种大型的肉食性爬行动物，长着长而细的身体，背部和尾部披挂着骨质甲片的铁沁鳄看上去有点像长腿鳄鱼。四肢短且直立，尾巴扁直，在垂直方向上呈桨状。头骨宽而扁，上有雕纹；口部很长，外鼻孔位于口端；牙齿成槽状，很容易撕裂食物。

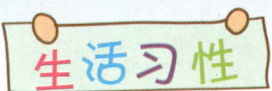

生活习性

铁沁鳄生活在陆地上,捕食其他动物。身长约 3 米。它们的身体,包括腹部,由厚重鳞甲所包覆。四肢以垂直方式位于身体之下,跟骨发展与特化的踝部关节,使它们成为快速奔跑的动物。

大型猎食者

铁沁鳄是大型猎食者，除了自己之外的任何动物都是他们的猎食对象。它们主要以四足行走，必要时也能够靠后肢支撑自己的身体。其中足踝十分与鳄鱼类似，行走方式更有效率，奔跑起来非常迅速。

小小图书馆

  铁沁鳄是生存于三叠纪的强大掠食者，大多数体型很大，通常为 4～6 米长。它们能够快速崛起，主要原因是已经演化出了直立的四肢，耐力更强。还有一个主要原因是它们保存水分的能力能很好地适应三叠纪早期大陆的干燥气候。

似龟不是龟的——无齿龙

基本特征

无齿龙又名无盾齿龙，身长约1米且又宽又平，看上去非常像今天的海龟，所以它又叫"砾甲龟龙"。它的背部和腹部都覆盖着骨质甲片，这可以保护它抵御大型海生爬行动物和海中其他食肉动物的攻击。它的上下颌演化成两片硬喙，有点像鸭嘴。

生活习性

无齿龙是已知唯一一种生活在非海洋环境的盾齿龙，曾一度生活在咸水或者淡水泻湖。有时为了躲避猎食者的袭击，它们会来到岸上。

小小图书馆

　　无齿龙的背部和腹部覆盖着骨质甲片，能够很好地抵御其他猎食者的攻击。

分布广泛的——异平齿龙

基本特征

异平齿龙是种草食性四足动物，大家对该物种的第一眼印象就是它那招牌式的"龅牙"。身长1.3米。它们具有喙状嘴，当它们进食时，可有效地切割植物。

常被猎杀

异平齿龙的体型较小，因此常被一些大型的肉食动物猎食，再加上它们分布广泛，不可避免地成为了这些肉食动物食谱中的一员。

小小图书馆

异平齿龙又名超咬吞蜥，属于喙头龙目，古生物学家在世界很多地方都发现了这种动物的化石，因此推断这种动物曾经分布广泛。

笨重身躯的——引鳄

基本特征

引鳄是早期陆地上最大的食肉动物之一，它们的个头很大但很笨拙，它长着短而有力的四肢和一个大脑袋。它以其他爬行动物为食。引鳄的身长约5米，高度为2.1米，以四肢行走，四肢以引鳄半直立方式位于身体之下。具有多颗锐利、圆锥状牙齿。

猎食特点

引鳄在捕猎时，用强有力的上下颌咬住猎物，再用锋利牙齿把猎物撕碎。绝不会给猎物留下逃跑的机会。

小小图书馆

引鳄是三叠纪时期最大的猎食动物之一。同时代的啃食兽是引鳄的主要食物之一，但是科学家研究发现，啃食兽的出现要晚于引鳄，因此引鳄也猎食其他动物。

性情凶猛的——有角鳄

性情凶猛

有角鳄身体可超过3米，外貌和现代鳄十分相似，性情凶恶，身体全部由坚硬的甲片所包裹。口鼻部呈铲状，有利于它们撷取地上的植物。虽然有角鳄是植食性动物，但是它们的性情却异常凶恶。

基本特征

有角鳄又名链鳄,是体型较大的爬行动物。身长5米左右,头部及四肢短小,尾部较长,身上披有带角的甲胄,背部侧边有两排尖刺,肩膀两侧各有一只长达45厘米的尖角。可以防护以抵抗掠食动物。它们虽然与植龙类是近亲,但叶状般的牙齿显示有角鳄是植食性的爬行动物。

小小图书馆

有角鳄曾出现在电视节目《恐龙纪元》中,节目中的有角鳄追赶着腔骨龙、狂齿鳄。在电视节目《世界末日》中,有角鳄被一只南十字龙猎杀。

像鱼不是鱼的——鱼龙

基本特征

鱼龙是人们所了解的海洋爬行动物之一。它体型与海豚相似，最大超过 20 米，体重可达 80 吨以上。拥有一个长的、有齿的吻。鱼龙嘴巴长而尖，上下颌长着锥状的牙齿，整个的头骨看上去像一个三角形。具有鳍状构造与流线形的头部，适合游泳。鱼龙的游泳速度惊人，靠相互成直角的叶轮片状的尾巴，时速可达 40 千米。

良好的视力

有些鱼龙看上去适合深潜，头两侧有一对大而圆的眼睛，眼睛直径最大可达 30 厘米。因此鱼龙可以在光线暗淡的夜间或深海里追捕乌贼、鱼类等猎物。一些科学家估计，鱼龙可以下潜到海洋中 500 米的地方。

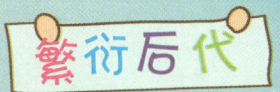
繁衍后代

虽然鱼龙是爬行动物,其祖先是生蛋的,但是鱼龙本身胎萌并不出奇。所有呼吸空气的海生动物不是要到海岸上生蛋,就是得直接在水中产仔。由于鱼龙流线型的体型,它们相当不可能爬到岸上生蛋。

小小图书馆

科学家对鱼龙的耳骨进行了研究,发现并不像海豚一样具有出色的听觉,因此也不能使用回声定位来辨别物体的位置。

空中的王者——正双形齿兽

基本特征

正双形齿兽是最早飞上蓝天的爬行动物，它们有着皮膜形成的翅膀，从前后肢之间伸展出来，并且顺着前肢长长的爪子长出。翼展７５厘米。正双形齿兽拍动这双翅膀，使它能在海面上低飞，它的大眼睛训练有素，能准确判断出水中的鱼和空中飞行的昆虫的位置。

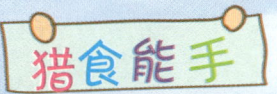

猎食能手

正双形齿兽像所有会飞的爬行动物一样,它的长尾巴在飞行时很可能伸直着以保持身体平衡。当发现水中的鱼和空中飞行的昆虫时,它们的门牙会像獠牙一样伸出,紧紧地咬住猎物。

小小图书馆

正双形齿兽的尾巴上有一个球状的物体,它们是专门帮助在飞行的时候控制方向。

鳄鱼的远亲——植龙

基本特征

植龙是四足的肉食性动物,与鳄鱼很像。但与之有远亲关系,外形类似,可能习性也与鳄类相似。长而尖的腭部有许多尖齿,很可能主要以鱼类为食。沿背部的皮肤嵌有几排骨质鳞甲。鼻孔位于头骨高隆处两眼的前方,只要将鼻孔浮出水面就能漂浮在水面下。

生活习性

植龙它们住在水中,主要以鱼和小型爬行类为生。也能够在陆地上自如地行走,有时会在陆地上捕食。当它们把整个身体栖息在水下时,只将鼻孔浮出水面,等待袭击路过的猎物。

小小图书馆

尽管植龙和鳄鱼有很多相同之处，但它们之间还是存在差别的。植龙的踝部结构比鳄鱼的踝部结构要原始。植龙的次生颚是肉质的，而鳄鱼的次生颚是骨质的。

身体比例特殊的"杀手"——斑龙

基本特征

与其他肉食性恐龙相比,斑龙的身体比例可能有些特殊。斑龙的头非常大,长近 1 米,而且颈部粗壮而灵活,这是斑龙最明显的身体特征。另外,斑龙的长尾巴平举在空中,可以平衡巨大头部和颈部的重量。古生物学家根据发现的斑龙足迹的两足间距推算,认为斑龙的后肢长应将近 2 米。它们的"手指"和"脚趾"上长着尖利的爪。

猎食条件

在丛林中,饥饿的斑龙会捕食任何它们可以吃的猎物,甚至是食腐,但这并不会影响到斑龙猎食者的形象。斑龙体长可达 9 米,必须有较大的进食量才能保证如此巨大身躯的能量消耗。

小小图书馆

斑龙是最早被科学地描述和命名的恐龙。生活在侏罗纪中期,它们的化石在很多国家都有发现,但都不完整。有关解剖结果表明,斑龙并不是迟缓并且笨重的物种,奔跑起来,它们甚至可以达到 30 千米的时速,堪称是行动敏捷的恐龙。

头顶"山峰"的耐寒者——冰脊龙

基本特征

冰脊龙是一种习惯用两足行走的肉食性恐龙,它们的牙齿呈银齿形,并生有利爪。冰脊龙外形上的最大特征就是它们头顶上突出的奇特的骨质结构,就像点缀在头顶的小山峰,它们的名字也由此而来。但是,这个头冠非常脆弱,无法承受冲撞时的巨大力量,所以并不是用于争斗的。古生物学家估计这个头冠很有可能是求偶用的,而且可能有艳丽的颜色。

生存区域

古生物学家在极端严寒的南极地区发现了冰脊龙的化石，但早在侏罗纪时期，泛大陆还没有完全分裂，南极洲大陆是在地球赤道附近的，当时这块大陆上的气候温暖而湿润。随着泛大陆的分裂，这块大陆移动到了南极点，冰脊龙也因此成为了第一种被正式命名的南极洲恐龙。

小小图书馆

冰脊龙还有一个非常响亮的名字，叫埃尔维斯（Elivs，美国著名摇滚歌手"猫王"的原名），这是因为冰脊龙头顶上的梳子状头冠与"猫王"的发型十分相似，所以才有了这个昵称。

梁龙的远亲——叉龙

基本特征

叉龙是梁龙的远亲，但其体形与梁龙有很明显的区别。叉龙的脖子相对较短，而且脖颈上可能有刺状突起，这是其明显的身体特征。但是，叉龙的尾巴相对较长，而且与梁龙的尾巴一样，具有御敌的作用。叉龙的脊椎背面长有叉子形状的神经棘，这也是叉龙得名的原因。叉龙背部的肌肉就附着在这些神经棘上，并在颈部和背部形成了非常明显的隆脊。

生活习性

叉龙的短脖子证明这类恐龙是以低矮植物为食,虽然与很多大型植物性恐龙生活在同一时期的同一地域,但叉龙并不会与其他大型植物性恐龙因为争抢食物资源而展开争斗。

小小图书馆

叉龙的首个化石是于1914年由古生物学家沃纳·詹尼斯发现的。叉龙的学名是来自古希腊文的"双叉蜥蜴",是按其颈椎背侧的神经棘形状命名的。

水边丛林的猎手——单脊龙

基本特征

单脊龙身体结构匀称,在快速运动中有非常好的灵活性。单脊龙后肢强壮有力,可以快速奔跑,前肢短小但长有锋利的指爪,可以辅助猎食。另外,单脊龙的脊背很有可能长有一排棘刺。根据目前的唯一的很完整标本,单脊龙的身长可达6米,高度为2米,重量可达550千克。是一种中型肉食性恐龙。

单一冠饰

单脊龙又叫单棘龙,这类恐龙的头顶长有单一冠饰,冠饰覆盖整个头颅骨,从头顶一直延伸到鼻子顶端。这一冠饰的最大用途很有可能是雄性单脊龙在求偶的过程中向雌性单脊龙炫耀自己的健康和强壮。单脊龙的这一冠饰与以往发现恐龙的冠饰有明显区别,这种冠饰不是片状头冠,而是附着在头顶的骨质突起。

生活习性

单脊龙可能经常出没于水域周围地区，植食性恐龙饮水的时候必定会来到这一地区，而单脊龙可能就埋伏在这一地区的丛林中，趁机猎食。

小小图书馆

单脊龙的上下颌较长，而且长满了锋利的牙齿，这让单脊龙在捕猎的过程中可以牢牢地咬住猎物的要害部位，再加上灵活的前肢，单脊龙可以轻松置猎物于死地。

最大的陆地动物——地震龙

基本特征

地震龙是目前人们已知的最大的陆地动物，其身长可达54米，但由于脖子和尾巴都很细，所以地震龙并不是很重。地震龙行动非常缓慢，庞大的身躯让它们变得很笨拙。在面对肉食性恐龙的时候，地震龙会挥动长尾巴驱赶猎食者，它们也能够用后肢支撑起沉重的身体，抬起前肢自卫。

生活习性

地震龙的头很小，嘴的前部长有扁平的牙齿，可以将树叶咬下来，但是嘴中并没有可以咀嚼树叶的牙齿，所以地震龙只能将树叶整片咽下。另外，地震龙会在行走的过程中产蛋，但是它们并不照顾小恐龙。

小小图书馆

有人认为地震龙是最大的恐龙，但部分科学家认为已发现的地震龙化石属于一只长得过大的梁龙。目前公认的最长的恐龙是地震龙。

爱孩子的植食者——华阳龙

华阳龙是一种小型植食性恐龙，成年华阳龙身长约四米，体重1-4吨，是产自中国最早的剑龙，与生活在同时代、同地区的蜀龙、首龙和峨眉龙相比，这种恐龙的身躯的确比较矮小。华阳龙嘴中长满细小的牙齿，适于咀嚼低矮植物。

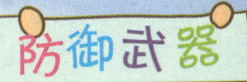

防御武器

矮小的华阳龙很有可能成为肉食性恐龙的捕食目标。华阳龙从颈部到尾部的身体背面长有两排剑板，而且尾端还长有尖刺，可以抽打并刺伤猎食者。

小小图书馆

捕食成年华阳龙并不容易，华阳龙的幼仔一般在觅食过程中都会紧跟在它们的父母身边，那些捕食者还是不敢轻易地发动进攻。所以父母保护幼仔的亲子行为对于华阳龙来说是必不可少的。

强大的海洋猛兽——滑齿龙

基本特征

　　滑齿龙是种大型、肉食性海生爬行动物。英国 BBC 推出的《与恐龙共舞》纪录片曾将滑齿龙描述成体长 25 米、重量 150 吨的巨型海洋猛兽，而生物学界多数人认为滑齿龙的体长仅为 10 米左右。滑齿龙体形的大小需要有更多完整化石的出土才能最终确定，但有一点可以肯定，那就是在侏罗纪晚期的海洋中，几乎没有比滑齿龙更大的海洋生物，所以滑齿龙是这一时期海洋中的绝对霸主。

生活习性

滑齿龙与现今鲸鱼的生活方式很相似，它们会经常浮出水面呼吸，除此之外，它们一生都在海中活动。另外，滑齿龙是卵胎生动物，繁殖季节到来的时候，滑齿龙会在浅海海域产仔。

游泳方式

滑齿龙身躯粗壮，依靠四片桨鳍的摆动获得前进的动力。滑齿龙的游泳速度可能并不快，但它们在水中也算是灵活的猎手。滑齿龙的游泳动作是优美而协调的，当前肢向上抬时，后肢则向下拉；当前肢向下摆时，后肢则向上。前后肢交替下冲的方法给滑齿龙带来了持续前进的动力。

伏击猎物

因为受到游泳方式的限制，滑齿龙可能并不是依靠速度追捕猎物的，它们可能在某处等待伏击猎物。滑齿龙的嗅觉非常灵敏，它们能够依靠嗅觉在很远的地方发现猎物，然后尾随或是堵截猎物，对猎物发动突袭。

滑齿龙的上、下颚很长，而且都长满了锐利的牙齿。当滑齿龙咬住猎物后，无论猎物如何扭动身体，滑齿龙都不会让猎物从口中逃脱。

小小图书馆

滑齿龙可能是"色彩结构",就是头部为深色,如此从上方较难被发现,而底部为浅色,如此下方可以作为伪装。

捕鱼高手——喙嘴龙

基本特征

喙嘴龙是一种能飞行的恐龙，身上长有细密的绒毛。喙嘴龙体长约半米，翼展约一米左右，翼骨间的皮膜是其主要飞行器官。另外，喙嘴龙长有一条很长的尾巴，尾巴末端有垂直生长的皮膜。这个皮膜能使喙嘴龙在飞行的过程中保持身体平衡，而在喙嘴龙改变飞行姿态或方向时，皮膜可以起到稳定身体的作用。

喙嘴龙的上下颌很长，外形与鸟类的喙很相似，上颌长有20颗牙齿，下颌长有14颗牙齿。当喙嘴龙的嘴闭合时，上颌牙齿与下颌牙齿互相交错，这样的牙齿排列形式非常适合捕鱼。当喙嘴龙从水中咬住鱼的时候，无论鱼如何扭动光滑的身体，这种交错式牙齿都能保证鱼不会挣脱，这也从侧面证明了鱼是喙嘴龙的主要食物之一。

生长过程

　　刚刚孵化的喙嘴龙的骨头就已经十分坚硬，所以喙嘴龙可能在孵化不久后就可以自如行动，而在短时间的生长后就可以飞行，因此成年喙嘴龙不需要花费太长的时间哺育后代。幼年喙嘴龙的颅骨较短、眼睛相对较大、口鼻部短而钝，而在生长的过程中，喙嘴龙的口鼻部会逐渐变得长而尖，并最终长成成年个体。

　　喙嘴龙尾巴末端的皮膜会随着身体的生长而改变形状：幼年喙嘴龙的尾端皮膜略成柳叶刀形；在喙嘴龙体形不断增大直至发育完全并停止生长的过程中，尾端的皮膜则会慢慢变成钻石形。

食物范围广泛

　　喙嘴龙因为可以长时间在空中飞行，所以活动范围相对广泛，食物资源也不集中。喙嘴龙以小型恐龙、鱼类、昆虫为主要食物，有时也吃死去的恐龙。另外，喙嘴龙在生长过程中，牙齿会逐渐变短，这样的牙齿更牢固，这说明随着喙嘴龙体形的增长，它们会逐渐选择体形更大的猎物为食。

小小图书馆

　　喙嘴龙调节体温的方式与现今爬行动物很相似，它们会在阳光下暴晒，或是通过剧烈的活动消耗能量获得热量；而在体温过高的时候，喙嘴龙则会到阴凉处散发多余的热量，类似现代爬行动物。

身背骨板的"笨蛋"——剑龙

基本特征

剑龙是侏罗纪时期著名的恐龙之一，其最大的外形特点就是脊背上有两列整齐的三角形骨板。成年剑龙身长7米左右，如果将背上的骨板算在内，剑龙的身高可能超过3.5米，整个身体就像拱起的小山。另外，剑龙的头部非常小，这与它庞大的身躯相比，显得非常不协调。

剑龙的一大特点就是长有喙状嘴，嘴中没有门牙，取而代之的是喙状结构，这种锋利的喙状结构可以切割植物，帮助剑龙进食。但这种特殊的嘴可能导致剑龙的进食效率偏低。

行走姿态和食物

剑龙有四只脚,它的后脚比前脚长,这也说明了它们的头部无法抬得太高,所以只能以低矮植物为主要食物。实际上,在侏罗纪晚期的丛林中,苔藓和蕨类、苏铁、松柏等植物低处的枝叶都有可能成为剑龙的食物。

抵御猎食者

剑龙的骨板是它们最有力的防护"武器",大型肉食性恐龙无法直接咬住剑龙的脖子或背部,小型肉食性恐龙也无法跳上剑龙的背部进行攻击,而当有肉食性恐龙攻击剑龙身体两侧的时候,剑龙会挥动长有尖刺的尾巴扫击猎食者。实际上,没有肉食性恐龙可以轻易猎杀剑龙,所以侏罗纪晚期出现了数量庞大的剑龙族群。

小小图书馆

剑龙的头很小，脑子只有核桃大小，科学家们认为，剑龙可能是一种很笨的恐龙，它们可能有两个大脑，一个在头部，是"主脑"，一个在臀部，是"副脑"，两个大脑相互配合，才能应付觅食、防御和繁殖等事情。

鼻上长角的水陆捕手——角鼻龙

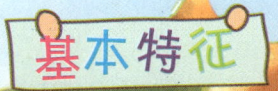

角鼻龙生活在侏罗纪晚期，是它们的家族成员中体型最大，也是最原始的恐龙。角鼻龙最大的特征就是鼻子末端长有一个短角，双眼之间还长有一个突起，角鼻龙正是因为这样明显的头部特征而得名。很多古生物学家认为角鼻龙的短角是进攻或防御用的，而也有很多古生物学家认为短角只是起到炫耀或威慑的作用。角鼻龙的尾巴较长且扁平，与现今的鳄鱼尾巴很相似，这显示角鼻龙可能有很强的游泳本领。这也从侧面说明，角鼻龙除了捕食陆地动物，水中鱼类也有可能是它们经常猎捕的一种食物。

强壮的身体

角鼻龙的身体结构比例匀称,强壮的后肢赋予了它们极强的奔跑能力,短而有力的前肢则是它们的捕食利器。与很多肉食性恐龙一样,角鼻龙的大嘴中长满了短刃一般的牙齿,并拥有十分强大的咬合力量。它们遇到猎物或敌人时,还会用自己锋利的牙齿和带钩的利爪去击败对方,并且还会充分利用自己在速度上的优势。

小小图书馆

角鼻龙特殊的四肢构造使它们能够突然加速,去追捕那些飞奔逃命的草食性恐龙,当然,偶尔遇到那些年老病弱的大型蜥脚类恐龙,它们也不会放过。

满身是"钉"的"小不点"——钉状龙

基本特征

钉状龙又名肯氏龙，体长五米左右，背部至尾端长有钉子一样纵向生长的利刺，可以说，钉状龙这个名字恰如其分地描述出了这种恐龙最大的外形特点。钉状龙的骨板和尖刺都是分成两列对称排列的，这种骨板与钉刺相结合的防御系统是钉状龙在面对大型肉食性恐龙时最有效的身体优势。

与剑龙的对比

钉状龙是剑龙的近亲，但钉状龙的体形要比剑龙小很多，而且钉状龙的身体更灵活。骨板和尖刺的不同是钉状龙与剑龙之间最大的区别，钉状龙除了长有骨板外，整个尾巴上都长有利刺，而剑龙只在尾端有利刺。钉状龙的尖刺一般是具备自我保护的功能，而剑龙属的骨板可以起到体温调节的作用。

对付猎食者

一旦遭到钉状龙满是利刺的尾巴的扫击,肉食性恐龙遭到的打击将会是致命的。

小小图书馆

恐龙世界中奇特的共生现象体现在肯氏龙和腕龙或叉龙这类体形庞大的恐龙生活在一起,它们不与大型植食性恐龙争抢,而是以低矮植物为食,即便在干旱季节,钉状龙也能找到土壤中的植物。与同时期的大型植食性恐龙相比,钉状龙算是"小不点"了,但钉状龙寻找食物的能力并不逊色。

侏罗纪的庞然大物——雷龙

基本特征

雷龙长有长脖子、鞭状尾巴和很小的头部,雷龙体重约27吨,体长26米左右,雷龙的头部形状与鸟的头部相似,鼻孔位于头部的前方,而不是像有些学者认为的:头部像牛羊,鼻孔位于两侧。雷龙脖子长约八米,尾巴长约9米。雷龙的四肢粗壮而有力,脚掌的大小犹如一把完全张开的伞。走起路来就会发出"轰""轰"的响声,好似雷鸣一般。

不断进食

古生物学家虽然还没有计算出雷龙一天究竟要吃多少食物才能维持正常的生命需要,但是,雷龙很有可能在休息和饮水之外的所有时间内都一直在进食。

防御武器

雷龙在走路的时候,尾巴会抬离地面,以保持身体平衡。在遭遇大型肉食性恐龙的时候,雷龙还会用尾巴吓退猎食者。电脑模拟的结果显示,雷龙挥动长尾时,可以发出二百分贝以上的声响,这与现今火炮发射时产生的声响相当。

小小图书馆

雷龙是1877年由古生物学家马什命名的,分布极为广泛,目前除南极洲以外的各大洲都有它们的化石出土。雷龙还是一种喜欢群体活动的恐龙,经常会进行极其壮观的大迁徙,这一证据主要来自于今天所发现过的雷龙群体活动的脚印。

防御"专家"——棱背龙

基本特征

棱背龙身长4米左右,身体浑圆、四肢短粗。虽然棱背龙体形较小、行动笨拙,但它们可以利用装甲保护自己,而且棱背龙身体位置较低,可以很好地保护腹部这一薄弱部位,这使得它们得以在弱肉强食的环境中生存下去。棱背龙偶尔会直立身体、后肢着地去吃枝叶,但平常似乎是以四脚行走的。它的臀部是身体的最高点,前肢的手部和后置的脚步一样宽。棱背龙背上长满圆角状的突起物,尾巴长度超过身体的一半。

御敌方式

棱背龙又叫踝龙,脊背的皮肤上布满一排排骨质硬疥,从后脑盖一直延伸到尾尖。这些藏在角质内的硬疥,实际上是相当尖锐的。即便棱背龙没有反击肉食性恐龙的能力,但肉食性恐龙如果贸然攻击棱背龙,最后可能也会受伤。因为当它走投无路时会蹲伏在地上,只让坚韧、有坚甲的背部暴露出来。

小小图书馆

在侏罗纪早期,贪吃的食肉恐龙已无处不在,食素恐龙得处处小心地避开它们。棱背龙使自己的身体披上厚厚的甲板,这样那些想吃肉者就不那么容易伤害它了。

北美洲霸主——梁龙

基本特征

梁龙是整个恐龙家族中最具代表性的物种之一,它是最容易确认的恐龙之一,它体型巨大,脖子长约 7.8 米,尾巴长约 13.5 米,四肢强壮。一直以来梁龙都被认为是最长的恐龙,但是由于头尾都很长,身体很短,因此它的体重并不重。而由于颈骨的数量少,梁龙的脖子并不能像蛇颈龙一般自由弯曲。此外,梁龙的脑袋则是比较纤细秀气。扁平的牙齿长在嘴巴的前部,嘴巴的侧面和后部则没有牙齿。前腿要比后腿短一些,每个脚上都长着五个脚趾。还有一个脚趾,长着锋利的爪子。梁龙在侏罗纪晚期曾统治北美洲地区长达一千万年之久。

长脖子与尾巴

研究表明，梁龙脖子的骨骼结构决定了梁龙不能将头部抬得很高，否则，抬高的脖子会压断颈椎。通常情况下，梁龙的脖子与身体平行或微微上倾，这样，梁龙在身体不动的情况下，也能吃到很大范围内的植物。

梁龙的长尾巴可以用来平衡长脖子的重量，保持身体平衡。梁龙之所以会盛极一时，在一定程度上也是因为它们长了长尾巴。类似异特龙这样的肉食性恐龙是侏罗纪时期的恐怖杀手，梁龙巨大的身躯有时会吓退捕食者。一旦遭遇袭击，梁龙便会挥动尾巴，给来犯者致命的打击。所以说，尾巴也是梁龙赖以生存的工具。

御敌方法

面对肉食性恐龙的进攻,梁龙并不总是直接抵抗的,它们有的时候会跳入附近的水中,利用长在鼻子前端的鼻孔呼吸。当失去耐心的肉食性恐龙离开的时候,梁龙才回到岸上。

小小图书馆

生物学家估计,梁龙的寿命可能超过百年,而它们从幼体长成成体只需要短短的十年时间。这样的生长速度让梁龙家族完全有能力面对捕食者众多的恶劣环境,因为即使幼年梁龙的生存率不高,存活下来的梁龙也能快速成年,并有能力保护自己。

牙齿如刀片的"袋鼠"——禄丰龙

基本特征

禄丰龙是一种体形笨重的恐龙,头部很小,眼眶大而圆,吻部和颌部周围布满了骨质肿块。禄丰龙颈部很长,四肢十分粗壮,前肢上长有巨大而锋利的钩爪,能起到自卫作用。禄丰龙脚上有趾,趾端有粗大的爪。身后拖着一条粗壮的大尾巴,站立时,可以用来支撑身体,好像随身带着凳子一样。这种行为很像今天的袋鼠。

进食方式

禄丰龙的牙齿是刀片状的,并且排列的十分紧密,这使得它们能咬断坚硬的植物。禄丰龙在采食的时候会靠后肢支撑身体,这使得它们能吃到高处的植物。长长的尾巴拖到地上,与两个后肢构成了一个三角架,能很好地支撑自己的体重。除了食用植物之外,禄丰龙可能还会依靠前肢捕食小动物。

小小图书馆

禄丰龙因发现于中国云南省禄丰县而得名,也是在中国找到的第一个完整的恐龙化石。生存于距今约2亿零5百万~1亿9千万年前的侏罗纪早期。1958年,我国国家邮政总局将禄丰龙的化石标本印在邮票上发行了《禄丰龙纪念邮票》,这也是世界上第一枚恐龙邮票。

亚洲第一龙——马门溪龙

基本特征

马门溪龙因化石发现于我国重庆市的马门溪而得名。马门溪龙是目前人们已知的脖子最长的恐龙,它们的脖子几乎占身体的一半长,是我们现在看到的长颈鹿脖子的三倍。马门溪龙的脖子由相互迭压在一起的颈椎支撑着,因此活动起来十分僵硬,转动得十分缓慢。

马门溪龙的头部很小,牙齿也十分细小。马门溪龙从脖子到背部之间的肌肉十分发达,再加上细长的尾巴,能够支撑长脖子的重量,保持身体平衡。马门溪龙的四肢几乎一样长,因此它们主要靠四足行走。

生活习性

马门溪龙是一种体形较大的植食性恐龙,为了供应庞大的身体所需的能量,它们每天必须吃很多的食物。马门溪龙性情温和,喜欢集群生活。当马门溪龙遭遇凶猛的肉食性恐龙攻击的时候,它们会挥动自己像鞭子一样的尾巴抵御敌人。

小小图书馆

一些学者认为,马门溪龙一天需要进食300千克的推测,是依据同等大小的哺乳动物的进食量来估计的,而马门溪龙属于冷血的爬行动物,它们的活动量小,新陈代谢的速度缓慢,所以它们只需吃较少的食物就能填饱肚皮。

始祖鸟的近亲——美颌龙

基本特征

美颌龙又叫细颚龙、细颈龙、新腭龙，是一种体形较小的恐龙。美颌龙的头骨狭长，其上有五对窝孔，最大的是眼窝，这显示美颌龙的眼睛占头颅骨的比例很大，因此它们可能有良好的视力。美颌龙的前肢短小，细长的后肢和尾巴则能够在其行走或奔跑时保持身体平衡。

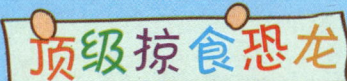

古生物学家们在发现美颌龙的地质层中也发现了一些海洋生物的化石,因此他们推测,美颌龙生活在海岸附近。而在这些地质层中没有发现美颌龙以外的其他恐龙,因此,美颌龙可能是这个地区的顶级掠食恐龙。

美颌龙虽然有一个美丽的名字,但是它们的性情却不像它们的名字一样美丽。美颌龙是一种凶猛残暴的肉食性恐龙。美颌龙细小的牙齿使其不能捕捉大型动物,因此美颌龙主要以小型蜥蜴、小型哺乳动物和昆虫为食。

小小图书馆

目前,人类发现的最小型的恐龙就是美颌龙,即使是成年后的高度,也只达到人类的膝盖的样子,1859年,人类发现了它们的骨骸化石。

恐龙家族中的"侏儒"——欧罗巴龙

基本特征

欧罗巴龙是一种蜥蜴类恐龙,但是它并不像大多数蜥脚类恐龙那样有庞大的身躯,欧罗巴龙的体形较小,发现的化石身长为1.7~6.3米。起初,科学家认为欧罗巴龙是某种恐龙的未成年个体,但后来科学家在研究了欧罗巴龙骨头的结构后,认为欧罗巴龙是不折不扣的侏儒,甚至可以称为"迷你"恐龙。欧罗巴龙最主要的外形特征就是头部很小,脖子和尾巴很长。此外,欧罗巴龙头部还有大型鼻孔,可能是作为扬声器来使用的。

生活习性

欧罗巴龙是一种以四足行走的植食性恐龙。欧罗巴龙脖子虽长但是十分灵活,能够帮助它们采食高处的树叶,也能够及时发现身边的掠食者。遇到掠食者袭击时,欧罗巴龙会甩动它们像鞭子一样的长尾巴,赶走敌人。

进食方式

在相对封闭的自然环境中,为了获取最大的食物资源,欧罗巴龙可以抬高头部采食高处的枝叶,也可以弯曲四肢降低身体高度,取食贴近地面的植被。

小小图书馆

为什么欧罗巴龙会长的如此小呢？科学家认为，欧罗巴龙的祖先原本是一种体形较大的恐龙，后来它们迁徙到了古代欧洲的岛屿。即使是欧洲地区最大的岛屿面积也不足 2000 平方千米，如此小的面积根本无法给体形庞大的恐龙提供充足的食物，所以欧罗巴龙的祖先困于此后便快速侏儒化。

精悍的掠食者——嗜鸟龙

基本特征

嗜鸟龙是一种小型肉食性动物，身体较巧，大型个体的身长可能与高个子的人的身高差不多，但体重却还不及一条中型狗的重量。嗜鸟龙习惯用两足行走。它们的头顶上有一个小型头盖骨；头盖骨上有大大的眼窝用来容纳眼睛。嗜鸟龙眼睛后部的骨骼，则与大型的肉食性恐龙很像。它们的口鼻部可能有一个骨质突起，其下额骨较厚，呈圆锥状的牙齿基本集中在额的前面部分，后面的则为小而弯曲、尖锐且宽扁的牙齿。嗜鸟龙的前肢短而灵活，有很好的抓握能力；后肢强壮，能够快速追捕猎物，也能够摆脱大型肉食性恐龙的追击。

猎食特点

嗜鸟龙较小的体形使它们只能捕食一些小型的哺乳动物、蜥蜴，以及其他一些小型爬行动物。有时，嗜鸟龙甚至会以正在孵化的其他种类的恐龙为食。嗜鸟龙拥有超常的视力，能够清楚地辨认出躲藏在植物或岩石下面的小动物。嗜鸟龙前肢的指上长着1根短且具有利爪的拇指和2根带爪的长指头，这是它们抓捕猎物的理想工具。嗜鸟龙是非常精悍的掠食者。

小小图书馆

嗜鸟龙又名鸟窃龙，学名意为"盗鸟的贼"，因此一些专家认为嗜鸟龙会捕鸟，但是并未有实际证据证明嗜鸟龙有捕鸟行为。没有证据显示它曾真的捕食过鸟类，也不知道当初为什么得了嗜鸟这个名称。

牙齿呈勺状的素食者——蜀龙

基本特征

蜀龙的体形中等，颈部相对较短。蜀龙的牙齿呈勺状，便于它们咬断并咀嚼植物。蜀龙身长约10米，相当于一个成年雌象的大小。以一个蜥脚类恐龙而言，蜀龙的颈部相当短。蜀龙尾部的最后四个椎骨合并成棍棒状，尾部末端有锥形突起物。当肉食性恐龙接近蜀龙时，蜀龙就会甩动它们的尾巴与对方决斗。

生活习性

蜀龙生活在河畔和湖滨地带，是一种植食性恐龙，以鲜嫩多汁的植物为食。蜀龙的四肢长度差别不大，这显示它们是一种四足行走的恐龙。

小小图书馆

蜀龙是种独特的蜥脚下目恐龙，生存于中侏罗纪的中国四川省，约1亿7000万年前。最早的蜀龙化石发现于我国四川，因四川省的古名为"蜀"，故这种恐龙被命名为蜀龙。

头顶双冠的"凶神恶煞"——双冠龙

基本特征

双冠龙又名双棘龙、双脊龙、双嵴龙,生活在北美洲。双冠龙身长可达6米,站立时头部离地约2.4米,可以说是一种体型修长的大型恐龙。双冠龙最大的特征便是头顶上长有两片大大冠状物,双冠龙的冠状物十分脆弱,因此不能当作防御敌人的武器,冠状物可能是它们吸引异性的工具。双冠龙的四肢上有锋利的爪子,能轻易地将猎物撕烂。双冠龙的尾巴细长,能够在奔跑时保持身体的平衡。

食性特点

　　双冠龙是一种凶恶的肉食性恐龙，它的颈部灵活而强壮，可以向各个方向转动，方便它们搜寻猎物或者撕扯猎物。它们的嘴巴长而宽，里面长满了尖利的牙齿，可以毫不费力地一口咬下大块的肉，然后不慌不忙地享用自己的美餐。但双冠龙牙齿细小，不能捕杀大型恐龙，只能以小型植食性恐龙为食。双冠龙的性情十分懒惰，因此它们有时也会食用其他恐龙吃剩下的腐肉。

小小图书馆

　　双冠龙生性懒惰，但是它们行动敏捷，奔跑迅速，遇到可口的食物时，他们会毫不犹豫地追捕猎物，有时，两只双冠龙还会为了争夺食物而大打出手。

缩小版的禽龙——弯龙

基本特征

弯龙是禽龙的近亲,很像缩小版的禽龙,生活在欧洲和北美洲。最大的成年弯龙多于7.9米长,臀部达2.0米高,体重约1公吨。平均身长为6米,平均体重为785到874公斤。弯龙的头骨很小,有一个大而尖的喙状嘴,没有门齿,但是两颊处有很多臼齿。弯龙前肢上长有突出的指爪,可以帮助进食。弯龙的防御武器为它们的钉状拇指。

生活习性

弯龙生活在开阔的林地，是一种植食性动物。弯龙身体笨重，行动起来十分缓慢，因此大部分时间它们都依靠四足行走，吃低矮处的植物。但弯龙偶尔也会用后肢站立起来吃长在高处的植物或快速跑动以躲避掠食者的追击。

小小图书馆

弯龙还有一个独特之处，那就是在它口腔顶部长有一个长长的骨质硬腭，这有利于把它和其它早期植食动物区分开来，且能让它们边进食边呼吸。

体形巨大的"贪吃鬼"——腕龙

基本特征

从外形上看,腕龙最主要的特征就是小脑袋,长脖子,粗短的尾巴。腕龙的头部很小,这显示它并不是一种聪明的恐龙。腕龙的头颈有突起的鼻突,因此它们的嗅觉十分灵敏。腕龙以四足着地的方式行走,这样四足能够平均分担身体的重量,不会给某一部分身体造成太大的负担。腕龙的脚掌十分厚实,在行走的时候能够起到减震的作用。

与大多数恐龙不同的是,腕龙的前肢要比后肢长,这种独特的身体结构可以支撑住长脖子的重量,保持身体平衡。

庞然大物

腕龙曾经是地球上最大的陆生动物之一,也是最著名的恐龙之一。腕龙是一种体形庞大的植食性恐龙,它们身长约23米,能吃到15米高处的叶子,这是长颈鹿取食高度的两倍。腕龙的体重能达到30000～50000千克,是非洲象的12倍。

为了满足庞大身躯的能量需要,腕龙每天要吃1 500千克的食物,它们每天都要不停的进食,堪称体形巨大的"贪吃鬼"。腕龙在进食的时候不会咀嚼,而是将食物整块吞下。

小小图书馆

雌性腕龙是个不太会照顾孩子的母亲，它们在产恐龙蛋的时候从来不做窝，再加上腕龙需要不断迁徙寻找新的食物，所以腕龙都是边走边生的，于是这些恐龙蛋就形成了长长的一条线。而当小腕龙依靠阳光的温度破壳而出后，它们就要开始自己独立的生活，雌性腕龙也不会照看它们。

谨慎的"铁布衫"——小盾龙

生活习性

小盾龙狭长的身体、纤细的四肢及延伸加长的尾部，使它极像今天的蜥蜴。小盾龙的头和其他植食性恐龙的头部有很大的不同，它的上下颌中分布着叶状的牙齿，可以用来磨碎食物，但没有大多数植食性恐龙都有的颊囊。小盾龙的身上长满了骨质棱鳞，这也是它最有效的防御武器。

生存技能

在远古恐龙时代，为了躲避掠食者的袭击，很多植食性恐龙都"掌握"了独特的对付掠食者的"本领"。生活在北美洲地区的小盾龙就练就了独特的生存技能"铁布衫"。小盾龙身上长有一排排骨质盾甲，这种盾甲坚硬而锋利，肉食性恐龙如果贸然撕咬小盾龙的身体，不但吃不到猎物的肉，而且自己可能还会受伤。

小小图书馆

小盾龙体态轻盈，能够快速奔跑。小盾龙还有一条比自己身躯还长的尾巴，能够在奔跑的时候保持身体平衡。小盾龙很谨慎，一旦稍有风吹草动，小盾龙就会急匆匆地跑过干旱的岩石，消失在矮树丛中。如果在它没有防备的情况下遇到肉食性恐龙的袭击，它的鳞甲也会让敌人无从下口。

牙齿奇特的杂食者——异齿龙

基本特征

异齿龙的体形相当小，它前肢的肌肉非常发达。另外，异齿龙的肩膀、前肢腕部和掌部的关节非常粗硬，也显示出它能够挖开沙土或扒开白蚁的巢穴寻找食物。而它的后肢掌部有三根朝前的长趾头，后肢的下段、脚踝和跖骨都愈合在一起。标准身长1.2米。

奇特的牙齿

与只有一种类型牙齿的恐龙不同，异齿龙有三种不同类型的牙齿。异齿龙是一种以吃植物为主的杂食性恐龙，可能还会吃昆虫，它们的门牙和肉食性恐龙的门牙一样锋利，能咬断坚硬的植物，而嘴巴内侧的牙齿与植食性恐龙的牙齿类似，能将植物磨碎。异齿龙最特别的地方就是它们有两对犬齿，上下颚各有一对，犬齿是异齿龙与肉食性恐龙搏斗的"武器"，也能够帮助雄性异齿龙争夺配偶。

小小图书馆

异齿龙最明显的特征是背上的帆状物，另一种盘龙类基龙也有这种特征。这帆状物可能用来控制体温，背帆的表面可使加热、冷却更有效率。这种温度的调节非常重要，因为可让它有更多时间来捕猎猎物。

大型掠食者——异特龙

基本特征

异特龙又叫跃龙、异龙，是一种大型的二足恐龙。异特龙的头骨很大，眼睛上方有角冠，嘴中有锋利如刀的牙齿。异特龙的前肢较小，但十分灵活，而且长有尖锐而弯曲的爪子，后肢强壮，尾巴又粗又长。

大型猎食者

异特龙是北美洲常见的大型肉食性恐龙，处于食物链的顶端，经常以大型的植食性恐龙为食。除此之外，异特龙也吃死去动物的尸体。异特龙经常被认为采用群体合作方式攻击蜥脚类恐龙，但很少证据显示异特龙具有共同攻击的社会行为。它们可能采取伏击方式攻击大型猎物，使用上颚来撞击猎物。

小小图书馆

据推测，异特龙的大脑可能很发达，是侏罗纪时期智商最高的大型肉食恐龙，这也给它们的群居提供了方便。

种类繁多的飞行者——翼手龙

基本特征

翼手龙的种类繁多，体形各异，大小不一。一些种类像鹰一样大，一些种类小如麻雀。翼手龙的头骨轻而紧密，脖子长而柔软，嘴巴细长。翼手龙从前肢的第四指经过身体到后肢披有薄膜状的翅膀。翅膀内部充满胶原纤维，外面覆盖着角质层。

翼手龙的后肢很短，在陆地上并没有太多的用处，因此翼手龙大部分时间都是在空中飞行的。一些科学家认为，体形较大的翼手龙不具备像鸟类一样的飞行能力，它们会先爬到高处，迎风张开自己的双翼，然后借助上升气流使自己在空气中翱翔。

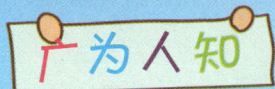

翼手龙主要生活在亚洲和欧洲地区，古生物学家在根据完整化石复原这种动物后，人们看到了这种动物的独特外形，翼手龙从此成为一种被多数人认识和了解的飞行动物。

小小图书馆

翼手龙并不是很大，它的翅膀不过22厘米左右。但是风神翼龙的翅膀却长达12米，像公共汽车那么大。美国科学家曾经发现过一种翼龙，它的翅膀长达15米以上，如果我们今天能看到它，说不定会以为是飞机在天上飞呢。

凶猛残暴的独行者——
永川龙

基本特征

永川龙是中国的代表性恐龙，因化石发现在重庆的永川区而得名。永川龙的体形很庞大，身体全长约10米，站立时有4米高。永川龙有一个近1米长、略呈三角形的头部，头骨两侧有明显的凹陷，能有效地减轻头部的重量。永川龙主要以后足站立或行走，它们的尾巴很长，在快速奔跑的时候，尾巴会高高地翘起，以保证身体的平衡。

捕食方式

永川龙经常在丛林和海滨地带活动，是一种性情孤僻而残暴的肉食性恐龙，喜欢单独行动。永川龙的捕食方式可能与今天的虎、豹相似，性情温和的植食性恐龙是它们主要的捕杀对象。永川龙的行动十分敏捷，猎物一旦被其盯上，就很难逃脱。

永川龙的下颚坚硬，拥有强大的咬合能力，嘴中有锯齿状锋利的牙齿，能够将猎物的骨头咬碎。永川龙的前肢很灵活，并长着长而弯曲的利爪，能够准确地攻击猎物。永川龙的后肢长且粗壮，能够快速地奔跑。

小小图书馆

除了永川龙以外，当地同时代的恐龙还有蜥脚下目的峨嵋龙与马门溪龙，以及剑龙下目的嘉陵龙、沱江龙、重庆龙。

有气腔的爬行动物——圆顶龙

生活习性

圆顶龙生活在广阔的平原上，是一种群居的植食性恐龙。圆顶龙在采食植物的叶子时，并不咀嚼，而是将叶子整片吞下，这是因为它们有一个强大的消化系统，除此之外，圆顶龙也会吞下胃石来帮助消化。圆顶龙的繁殖方式十分有趣，它们不做窝，而是边走边产恐龙蛋，产下的恐龙蛋最后排成了一条直线。

基本特征

圆顶龙属于素食性恐龙，生活在晚侏罗纪时期开阔的平原上，距今1.55亿至1.45亿年。圆顶龙已经是一种较为进步的蜥脚类恐龙，体长可达20米，体重约20吨，脑袋小且呈显著的方形，鼻腔巨大，因而嗅觉灵敏。与其他长脖子的恐龙相比，它的脖子短得多，尾巴也较短。圆顶龙的腿骨粗壮圆实，适于承重；脊椎骨坑凹发达，所以体格显得更加粗壮、结实。圆顶龙的学名意为"有气腔的爬行动物"，这是因为圆顶龙中空的骨头里有与肺部相通的巨大的气腔，这些气腔能够帮助他们减轻体重。

小小图书馆

在美国发现的圆顶龙化石中有一具长约六米的小个体，骨架完好如初，其埋藏姿态，就像一只奔腾的骏马。人们从这个标本上了解到了生长发育引起的体态变化：恐龙的幼体较之于成体，眼眶尤其明显，脖子相对较短，多数骨骼上的骨缝没有愈合。

水中"杀手"——真鼻龙

基本特征

真鼻龙是种大型鱼龙类,身长超过6米。真鼻龙拥有鱼一般的外形,身体呈纺锤形,没有明显的颈部,头与身体自然地融合在一起。真鼻龙的四肢已经演化成了鳍状,除此之外,它们还有背鳍和尾鳍。这些鳍状物不仅能用来划水,还能保持身体平衡。真鼻龙的特殊之处在于,它们的上颚特别长,长度几乎是下颚的两倍。真鼻龙的嘴里横向生长着牙齿,牙齿又细又尖,这种结构与现今的锯鲨十分相似。

捕食特点

真鼻龙是一种完全生活在水中的肉食性动物,主要以鱼类和软体动物为食。捕食的时候,真鼻龙会用它们长长的上颚插入海底的泥沙中,从而猎捕躲在海底的鱼和软体动物。除此之外,真鼻龙也会用它们长长的上颚直接刺向猎物,这种捕食方法与剑鱼和旗鱼十分相似。

小小图书馆

真鼻龙拥有良好的视力,它们的行动完全依赖于视觉,即使是在光线暗淡的夜间和深海里,真鼻龙也能够轻松地捕捉到猎物。

恐龙之最

10. 脖子最长的恐龙——马门溪龙

马门溪龙的脖子由长长的、相互迭压在一起的颈椎支撑着，脖子约长 10 米。

11. 脑袋最厚的恐龙

肿头龙的额骨和顶骨突出，头骨厚达 25 厘米，是脑袋最厚的恐龙。

12. 头骨最大的恐龙

牛角龙是世界上头骨最大的恐龙，2.7 米的头骨是所知的任何陆上动物中最长的。

13. 角最长的恐龙——三角龙

三角龙 3 只角一只在鼻端，另两只在双眼的上方各一只。眼角骨核超过 1 米，算上角套则更长。

14. 最凶猛的恐龙——霸王龙

霸王龙是最大的肉食性恐龙，成年霸王龙身长可达 14 米，体重约 8 吨，是恐龙世界中的霸主。

15. 最长的恐龙——地震龙

从已有的数据来看,最长的恐龙是地震龙,长达 42.67 米。

16. 最温顺的恐龙——禽龙

禽龙比较温驯,在没有受到攻击前不会主动攻击。

17. 最聪明的恐龙——伤齿龙

就身体和大脑的比例来看,伤齿龙的大脑是最大的且它的感觉器官非常发达,因而被认为是最聪明的恐龙。

18. 最笨的恐龙——剑龙

巨大的剑龙头部非常小,大脑只有一个核桃般大小,因此科学家认为它们是一种很笨的恐龙。